浙江省哲学社会科学规划课题——新本质主义学派中的自然类和自然律问题研究（19NDJC081YB）资助

新本质主义研究

张建琴　著

九州出版社
JIUZHOUPRESS

图书在版编目（CIP）数据

新本质主义研究 / 张建琴著 . －－北京：九州出版
社，2023.10
ISBN 978－7－5225－2491－7

Ⅰ . ①新… Ⅱ . ①张… Ⅲ . ①科学哲学—研究 Ⅳ .
①N02

中国国家版本馆 CIP 数据核字（2023）第 211437 号

新本质主义研究

作　　者	张建琴　著	
责任编辑	周红斌	
出版发行	九州出版社	
地　　址	北京市西城区阜外大街甲 35 号（100037）	
发行电话	（010）68992190/3/5/6	
网　　址	www.jiuzhoupress.com	
印　　刷	唐山才智印刷有限公司	
开　　本	710 毫米×1000 毫米　16 开	
印　　张	15	
字　　数	186 千字	
版　　次	2024 年 3 月第 1 版	
印　　次	2024 年 3 月第 1 次印刷	
书　　号	ISBN 978－7－5225－2491－7	
定　　价	95.00 元	

序 言

　　自然界由各种自然事物组成，这些事物遵循着一定的规律和谐运动。在世界的探索中对自然类事物和过程的自然律研究，一直是科学研究的核心任务。科学将研究对象分门别类地划分成一个相互联系着的自然类系统，同时在具体科学领域对这些不同的自然类予以研究，试图找出这一系统中不同类的各种运行规律。本书从一般自然类概念入手，基于本体论的视角加以分析，将倾向性本质作为自然类的核心，以因果力为基础媒介，对自然律加以解释，从而在两者之间构建了一个新本质主义的理论体系。

　　自然类的研究，主要涉及自然类的客观性、实在性、本质特征及与自然律的关系等一系列相关问题。自密尔提出自然类的概念后，一般认为，事物间有真正的自然区分，这些区分反映了客观世界的不同。事实上当我们对事物进行区别时，总是要在自然界中做出各种不同的划分，这些划分是真正客观的吗？自然类是否存在着独立于我们的分类方式呢？对于这些问题的不同理解，当前的研究形成了不同的流派，有反实在论和实在论之分。通过辨析不同的观点，自然地推论出自然类的实在论：自然类具有实在性。如密尔所说，它们能抓住本质中那些超越我们认知的初始特征之外的规律性，具有承载自然律的因果解释的本体论地位。自然类的划分是在自然的客观节点上真正区分，它们在一定程度上是客观的，具有独立于人的本质特征。

通常我们认识事物，力求不仅知其然，还要理解其所以然，因此认识其本质，对于我们理解事物的运作过程或者表征规律，具有重要的作用。如能以本质对自然类进行识别，并基于自然类的本质特征，理解其遵循的自然律，应该说是科学的重要目的。关于自然类的本质观点，最早可回溯到亚里士多德，他受其老师柏拉图的影响，在形而上学中提出了一种形式本质，他的自然类的本质实质是物种的本质。亚里士多德关于自然类本质的看法是，自然界中所有的物种都是恒久不变的。之后，洛克对自然类的本质思想提出了质疑，在洛克看来，构成事物的基础本质是名义本质，而非实在本质，对于物质的真正组成，人类认识是无能为力的，那么又以何根据来说可以客观地划分自然类呢？有关自然类的讨论随着历史中各种理论的发展也在缓慢地进展中，直到 1969 年，奎因提出了用自然类来解决归纳悖论和新归纳之谜，对于自然类的研究开始升温。近代本质思想的复兴也随势而起，克里普克和普特南在 20 世纪语言学的影响下，提倡外延主义的语义学，他们倡导的是一种语义本质观，虽然理论上还存在着许多难题，但是客观上推进了自然类本质主义的研究。

克里普克认为自然类的成员具有共同的本质，那些不是这个类的成员则不具有此身份。但是对于埃利斯来说，他认为这种本质特征对于类中的成员来说，只是一部分，比如一个电子的本质是带一个负电荷，这是电子本质的一部分特征，而且是内在的特征。重要的是，这些物质的内在特征都是不可还原的倾向性特征，这些本体论上的倾向性是基础的类的因果力或潜能。埃利斯指出，这种方法论具有内在决定性的作用，新的本质主义据此站在了与达尔文对立的立场上，并强化其作用力。对于生物物种来说，不管是从宗教层面还是从社会角度来看，自然选择不可能是一个本质特征，如果不在一定程度上考虑到这一特征的基因决定论。埃利斯并不赞同外在特征论及环境决定论，这种自然类本质的内在实在论观点，在具体说明生物进化论时强调生物自身的潜在的内在力量，因此对生物进化的解释提供了另一条可选路径。

自然类的本质观有其存在的理由，正如劳尔所言，我们只有认识事物的本质，才能对事物理解和解释并加以研究，否认事物的本质在认识论和本体论上的作用，就会产生问题。1994年，埃利斯和其他哲学家提出新本质主义的世界观后，哲学界有大批研究科学本体论的论著出现，论证自然界是由客观存在的自然律支配的自然类等级系统，推动科学本体论发展到一个新本质主义阶段。在这一新本质主义阵营中，以埃利斯为代表的很多哲学家，对本质主义理论的发展及应用做出了突出的贡献。埃利斯提出了内在实在论，也自称是客观自然主义论，从本体论的角度对自然类进行了阐述，认为一个自然类的一些基础特征构成了一种倾向性本质，并对该类事物所表现出的行为规律具有决定性的作用。倾向性的特征在适宜的环境中具体表现是在因果力的运作下，表征出特定的物理或者化学规律，使得这一自然类客体呈现出区别于其他自然类的倾向性特质。埃利斯为了更好地解释现象，将各种类都纳入到一个统一的类本质主义系统中，并改进了对自然类本质的定义，将本质看作是具有动态活泼积极倾向性的。这样在复活莱布尼茨的"活力论"的基础上，统括各种不同范畴的质料类、动力类和特征类，形成一个综合的统一体系。埃利斯指出自然律也可以采取一种更为适当的倾向性本质观点，因为倾向性本质是一种本身可变的具有活力性的基质，它促使事物在环境相适合的条件下，表现出其所属类真正的倾向性行为规律和内在特征。

自然类的本质应该是一种倾向性本质，而自然律可以用这种倾向性本质来加以解释，从而在实在论上加以奠基。倾向性的分析从本体论来看，普赖尔将倾向性和定律基础的关系，看作是一种"功能主义理论"，按照这种理论，倾向性可以作为一些因果律的基础，或甚至于是它的二阶属性。在倾向性属性的相关研究上，阿姆斯特朗所辩护的是"类型统一理论"，玛姆弗德所辩护的是一种"符号同一论"，即任何倾向性的事例与它的潜在的因果基础的实例是同一的。还有一种"二元论"，按照这种理论，倾向性和它们的因果律基础之间的联系都是相互区别和不可还原的。作为解释自然律的一种自然类的倾向性本质，首先这种倾向性可以作为因果解释的基础；其次，这种本体论上的基础显现出来是倾向性的。因而在对自然律的解释上发挥着决定性的作用。

自然律描述了这些本体论上的基础倾向性，而科学的工作就是发现自然类的本质，以及它们这些内在或者说本质是如何作用的。根据埃利斯的观点，自然律是形而上学上必然的。拿电子的例子来说，并不是说，电子之间的互斥就一定会发生，而是说电子之间的互相排斥作用倾向于发生。也就是说在适宜的环境下，两个电子在没有外物阻碍的情况下，它们倾向于相互排斥对方，而且在任何一个世界里，只要是相同的自然类都会如此相互作用，如同在实际世界里发生的一样。这样就可以用倾向性本质来对自然律加以说明。

衍生于古代自然哲学思想的规律概念，自中古时期对自然律的解释主要采用的是因果必然的思想。17 世纪时牛顿定律的发现，人们普遍认为宇宙已经被这种强机械论完美地设计好了，而大卫·休谟对必然性做了重创，指出我们的知识都是从经验观察的事例中推导出来的，所有的未经验到的事例都类似于过去的经验，这样所进行的推理都只不过是习惯性的联想和经常性的联结罢了。现代科学哲学在这种批判下，已不再将科学规律视为理所当然客观存在并且绝对必然的，规律也是需要重新解释的。在对规律的解释中，近期文献的研究中比较常见的两种解释形式，一种是规则论解释，也被称为 MRL 解释，这种规则论解释是基于休谟主义对因果必然性的批判而发展起来的新规则主义论（Neo-regularist)，科学规律被看作是普遍陈述命题，从而为经验性观察提供一种模型规则性解释，意在将所有的自然律都通过反事实的转换，从而整合进一个原理化的演绎系统中。另一种是普遍必然解释，也被称为DTA解释，认为自然律是由普遍物（共相）的自然属性之间的必然关系决定的一种物理必然性关系。这两种解释各自都存在难题，前者不能解决范·弗拉森所提出的确证问题，后者不能解决推论性问题。以埃利斯为代表的新本质主义学派，对自然律提出了一种新的解释形式，即倾向本质解释，简称为SEB解释。在激活条件S后，它具有性质M，从条件分析中就可得到一般的类律表达式。这种解释吸收了前两者的优势，同时它还在实在论层面，从自然类的倾向性本质角度对自然律给予解释，将自然律的必然性根植于自然类事物的本性之中，一经由事物的本质特征决定，那些形成自然类的事物便被有秩序地安排，从而形成具有必然性的自然律。

自然律的倾向本质解释，将倾向性本质看作是产生于自然界中各种现象的能力、趋向或者是倾向。这种解释与其他两种观点相比，优势是从自然类事物的实在本质中找到了对定律加以说明的理论根据，自然定律的真正制造者就是事物所具有的倾向性本质特征。这样就将自然定律建立在自然类的事物上，而不是基于一种关系或者一种外力。传统的自然律将定律看成是一种普遍物间的关系，在解决自然律的本体论问题上遇到了困难。休谟虽然解释了自然律的本体论问题，但其在必然性上又遇到了不可逾越的障碍，而作为自然律的倾向本质解释，则很好地解决了这个问题，因为如果任何事物具有特征，它们必然会朝着倾向于显现这一特征的行为方式去运作。因此自然律倾向于呈现这类事物的内在本质，那么它也是真正必然的。自然律的必然性的倾向性特征在特定的条件下会产生某种显现的必然，这就是源于倾向性特征。自然律的倾向性解释很好地支持了反事实条件，因为倾向性自身蕴含了反事实条件，因此这三种解释理论比较来看，倾向本质解释是一种相对更好的解释理论。

在关于本质的形而上学基础的探讨中，本书进行了拓展性研究，从结构主义认识论的角度做出了探讨，这种观点也为倾向主义者所接受。倾向主义者大都坚持一种特征的结构主义形而上学的观点，他们一般认为这个特征的本质是可以被穷尽的，根据这种观点，区分倾向性很明显的方式是发现它们随附于怎样的一种倾向性结构。另外，这种倾向结构主义观点可以解决倾向特征一元论存在的无穷后退难题。在建构一个世界图式时，我们一般以微观的特征结构开始，通过它们的影响，确认那些宏观的特征，由内而外进行建构，当我们获得更多的因果作用的知识时，我们就能够由此建构起相应的工具使得我们可以理解自然的深层次。我们愈向外建构我们的图式，理论和特征就会融入更多。

在新本质主义阵营中，很多哲学家还对倾向性本质做了更细致的分析性研究，在理论上也提出了其他不同进路，比如波德将自然律作为始发点，来解析倾向性本质，与埃利斯的从自然类来解读倾向性本质，并进而解释自然律的研究方式上存在着很多互补性。还有像卡特莱特直接从倾向性入手，来探索这种本质的实在性问题，这些不同的研究思路都为这一思想运动的拓展发挥了重要的作用，同时也对科学哲学中的很多问题的研究具有启发性。最后通过对现代研究素描式的勾勒概括，表述了这一理论中的很多研究的主题都可以与具体科学领域中的研究相结合，以期将形而上学方面的思辨和实际应用领域的解释结合起来，使理论与具体科学相结合，发挥一定的现实作用。

目　录
CONTENTS

导　论

第一节　引　言

在各门具体科学中，随处可见所划分出来的类。物理学中的基本粒子，像电子、中子、夸克等；化学研究中的组成元素，如碳、氢、氧、金等，还有更宽泛的类，像有机物和无机物；生物学中分类学的单元，从高到低依次是界、门、纲、目、科、属、种，由于生物形态的多样性，现代研究中还引入了群、族、组这样的新单元。这些微观粒子、化学成分还有生物物种，直觉上来讲，一般都被看作是自然类。在哲学中一直存在着关于这些自然类到底是不是真正的自然类的争论，它们是建立在客观自然的基础上的划分，还是人类主观上为了研究的方便由理智发明而来的一般性词类？传统哲学中关于共相的实在性问题，一直存在唯名论和唯实论之争，对于自然类而言，从概念上来说，它是一个集合名词，指称一种普遍物，必然也会涉及这种反实在论和实在论之间的争论，这两种观点到底哪一种更具有合理性？这是本章关于自然类的理论试图要解决的问题。

什么是自然类？到底存不存在自然的类？维基百科上这样定义自然

类，"一种自然类是指一种自然的分组，不是人工的。或者也可以这样说，它是一系列的相同的事物（物体、事件、存在）并可以与其他的事物区分开，而不是由任意某个人将一组事物任意堆积在一起的"①。比如我们将动物都归类在一起，因为它们不仅有生命力，同时可以自由活动，能感知，可以繁衍后代。正是这些共同特征，将它们组合在一起，形成一个自然的类集合。波德（A. Bird）给了我们一个进行自然类划分的一般标准："1. 一个候选的自然类成员应该有一些共同的特征。2. 自然类应该允许归纳推论。3. 自然类介入自然律则。4. 自然类的群体应形成一种类。5. 自然类应该形成一种等级。6. 自然类应该是范畴上不同的。"② 具体分析来看，第1点指，一个类中的成员应分享一些共同的特征；第2点，按波德的说法是源自惠威尔（W. Whewell），后来也被奎因（Quine）再次讨论过，一般通过事例的自然特征根据归纳形成一个自然类，这一要求与第3点类似，但比它更激进；第3点是一个类的必要而不充分条件，比如，如果一些东西是雌性哺乳动物，那么它们一般能生育，但可能有一些个体会因为有不孕症状，而不能满足这个生育特征的要求，自然界中会存在着一些不完美的个体；第4点不再多说；第5点，指的是任何两个类或者相同，或者一个是另一个的亚种；第6点，一个类和另一个类的不同，确实存在本质上的不同，从而可以在自然的客观节点上真正将它们区分开来。

实际上，类（kind）这个概念，最先是约翰·密尔（J. S. Mill）在1843年《逻辑系统》这本书中使用的。密尔认为一个集合中的所有成员分享一组相同的特征，这些特征是那些存在着的成员都具有的；他认为一个自然的集合分享无穷的共同特征，但是为了具体的目的而进行的

①　Natural kind［EB/OL］.［2023-6-20］. http：//en. wikipedia. org/wiki/Natural_ kind.
②　Natural Kinds［EB/OL］.［2023-6-20］. http：//plato. stanford. edu/entries/natural-kinds/.

分类，仅仅是那些涉及这一目的的共同特征，这样的分类具有更少的自然性。总起来说，密尔认为对自然的划分，遵从的客观标准，并不是人为的、专断的，正如他所说，"自然集合并不根据传统建立，自然集合不依赖于一个自然主义者的专断选择"①。1847 年，惠威尔在《归纳科学的哲学》一书中再次提到，并从本体论角度给出了关于自然类的定义，即"自然类是通过类型被划分的，不是通过定义，在自然组的实体中，定义不再作为一种规范的原理而有用，所以在没有任何标准和规则下，类并不松散，类被固定地连接，尽管并不准确；它被给予，尽管并不被限制；它被决定，尽管并没有界限，但却有一个中心；并不被严格地排除，但却本源地被包括，通过一种案例，并不仅是通过感官，总之，代替定义的是我们有一个领导着的原型"②。之后，因为 1859 年达尔文的《物种起源》在学术界引起的巨波，对于物种是类还是个体的讨论，渐渐从具体科学领域——生物学扩展到哲学，在具体科学中一般会将之当成是一种分类的工具。在密尔的著作中，分类最后是作为自然研究的一个工具，为了使我们从整体上来思想这些具有最大数量相同特征的客体，所以在归纳的过程中有很多这样分类使用的场合，但是，在哲学领域来探讨一般是从本体论层面上来看的。密尔也曾从本体论上作为规律解释的必要性来阐述它，"值得注意的是，自然类概念能抓住本质中那些超越我们的初始特征化之外规律性"③。现代科学研究响应了密尔这种观点，它的研究不再局限于个别的实体或事例，更多关心的是某类模型实体的规范性和律则性，发现自然类的秩序性和不变性。正如达沃斯（Dilworth）指出的，"形成自然类的事物的必要性，不仅是考

---

① MILL J S. *A System of Logic* [M]. London：Longman，1884.

② WHEWELL W. *The Philosophy of the Inductive Sciences：founded upon their history* [M]. London：West Strand，1847：494.

③ MILL J S. *A System of Logic* [M]. London：Longman，1884.

虑到建立它上（包括改变的状态）的自然律，进一步是为了找到一种
实体的形式，它不能被分解为其他实体形式"①。作为终极共相的自然
类，具有承载自然律的因果解释的本体论地位。1866 年，在维恩（J.
Venn）的《机遇逻辑》这本书中"类"的概念被再次提到，同样是对
原始的不变实体的关注而使用的。这种对于本原的探求，从古希腊开始
一直是自然哲学家试图找寻到的终极实体。从泰勒斯提出，水乃万物的
本源，亚里士多德则提出四元素说，即水、土、火、气形成了自然界的
事物，再到德谟克利特提出原子假说，后来这一学说在近代科学中复
兴，直到现代物理学中提出的微粒模型论，包括夸克、轻子、规范玻色
子以及希格斯粒子四大类基本粒子，都是在不断地推进对自然始基的
研究。

　　后来，1948 年，罗素（Russel）在他的论述归纳的著作中再次使用
了这个概念，并从自然律角度来理解。他对自然类的原理的应用与密尔
对自然集合所做的定义相近，它们之间最大的相似性是都承认一个自然
类的成员存在着共同的特征，而且它们相互独立。但是，根据罗素的观
点，在这些相似性中存在一个很重要的不同，这些共同特征不是相互独
立的，而是相互依赖的。罗素给出的理由是，科学的目标，正如科学的
进步一样，看似相互独立的自然类之间其实是以某种方式存在着相互联
系的。罗素援引了科学史中的例子来说明这一点，在 19 世纪时，许多
化学成分的新发现，每一个都被发现有一组共存的特征，每一个化学成
分都被看成是一个自然类，但是没有人认为这些成分在更深一层次上有
什么联系，应如何解释这些共存的特征组。在 20 世纪前半个时期，物
理学家发现这些成分都是由质子、中子和电子组成的，在 1948 年的
《人类知识》一书中，罗素这样写道："这表明了不同成分之间的不同

---

　　① DILWORTH C. The Metaphysics of Science: An Account of Modern Science in Terms of Prin-
　　ciples [M]. Netherland: Springer, 2006: 150.

是结构上的不同，但是这些成分中的自然律是相同的。"① 罗素还举了生物学中的例子，根据罗素的观点，生物物种一般被认为是相互独立的，由于达尔文的进化理论，生物学家不得不得出结论说，所有的生物物种都是从同一物种进化而来。自达尔文以来，生物学家的工作就是将所有已知的物种都安排进一个"生命树"中，在基因学的发展中，我们补充进生物学的基因结构来解释它的成员的共同特征。罗素认为，正如在生物学上，自达尔文以来，自然类理论证明了它仅仅是一个时代的划分。他进一步写道："我推断，自然类理论，尽管在建立前科学时有用，比如狗的吠叫、猫的胡须，这些仅仅是些约定的可变换的假设，它们是朝向一些不同类的更基本规律的道路。"②

现在看来，质子、中子和电子才是自然类。1948年罗素也从对科学本体组成的研究方面，指出这些也并不是终极的，可能还会被还原到结构的不同上，确实，物理学朝着罗素指出的方向进步。科学家们曾经为发现黑洞这个新自然类而惊叹不已，最近又为发现希格斯玻色子（上帝粒子）而彻夜狂欢，至于相对论和量子力学波动方程的自然律的发现，为科学技术开辟一个新时代则是众所周知的。科学的目的就是发现现实世界中存在着的新自然现象、新自然类事物。不管从具体科学领域来看，还是从哲学研究来看，对自然类的实在性问题探讨都是一个基本的重要问题。后来普莱斯（H. Price）的研究继承了罗素有关自然类的观点。由于20世纪语言学的发展，对自然类的研究，被普特南和克利普克从语义学方面进一步拓展了。

① 罗素. 人类的知识 [M]. 张金言，译. 北京：商务印书馆，1983：461.
② 罗素. 人类的知识 [M]. 张金言，译. 北京：商务印书馆，1983：461—462.

第二节　国内外研究现状

一、国外研究

有关自然类的研究，发展到当代，又有着怎样的观点和认识呢？从自然类的研究现状来看，国外的研究从自然类的本体论角度大致可分为两派，一派是不承认自然类的实在性，即反实在论。哈金（I. Haking）指出，在某种程度上来讲，最高的属仅仅是智性的发明，是一种社会性的建构，尤其是在药物学、心理学、精神病学、社会学中，存在着许多专家也认可的一些关于孩童臆想性的理论，为了理解这些现象，或是解释，或是阻止，从而达到最终治疗那些受伤儿童的目的。① 即使在物理学这种被认为典型的自然科学分类，也并非具有客观实在性。哈金引述了皮可应（Pickering）对新物理学的看法，皮可应区分了新物理和旧物理，并指出了这种区分不仅仅是理论上的，同时还是工具上的，比如一种用在微观粒子探测中的高热流，它可以检测出粒子的轨迹，现在已被新型探测器取代，之前的那种测量仪对探测的粒子轨迹有干涉作用，测量不准确。因此在旧物理学中使用的工具及方法已经干涉并影响了所发现的物理世界的图景，新物理学中则不会出现这种情形，所以这两种物理学之间是不可通约的 [这一点，托马斯·库恩（T. Kuhn）也曾有阐释]。古德曼（N. Goodman）更为激烈些，他为了区别于自然类（natural kinds），提出了相关类（relevant kinds），并给出了两个理由：

---

① HACKING I. *The Social Construction of What*? [M]. Cambridge：Harvard University Press，1999：132.

"一，'自然的'，不仅对生物物种而且对人工类，如音乐作品、心理实验和机械类型都是不适用的；二，'自然的'，表明了一些绝对的或心理学的先天性，然而这些类是由于习性或者为了一个目的而设计的。"① 拉普蒂（Laporte）、斯莱特（Slater）也持同样的反实在论观点。拉普蒂说过，"不仅不是所有的自然类都不是自然的，而且不是所有自然界中的类都是自然类。像泥、灰尘、灌木这些与牙膏、垃圾相近似的类，被看作是自然的。自然类并不明显地是从本质上划分来的。"② 斯莱特给出的理由是，"一个系统的客观类都被人类的活动'污染'了，即使是人类活动的某些类也都看作是不那么客观的事例。似乎一些划分系统更多的是我们在它们形式上的合成。无论一个人如何思考潜在的本体论，划分的系统都不可否认是人工产物——我们确实参与了它们的创建"③。也就是说我们人类在不自觉中已经参与到了自然界的活动中，对自然界已经产生了不可抹掉的影响。福多（Fordor）、车池兰德（Churchland）从具体科学——心理学领域来阐述，并用功能主义来解释。福德认为，心理状态的类与命名理论中的符号或者标志相一致，但它与神经心理学中的神经纤维却没有一一对应的指称，比如"疼＝神经纤维 C 放射"，这不能成立。

另一派的观点是承认自然类的实在性，更细一点划分，可以分为实在论和混合实在论。这里的实在论，是指对本体论做出了承诺，在对这个概念的使用初期，实在论的意义较弱一些，一般指的是自然主义的实

① GOODMAN N, *Ways of Worldmaking* ［M］. Cambridge：Hackett Publishing Company，1978：10.

② LAPORTE J. *Natural Kinds and Conceptual Change* ［M］. Cambridge：Cambridge University Press，2004：18.

③ JOSEPH KEIM CAMPBELL, MICHAEL O'ROURKE, MATTHEW H. SLATER, *Carving Nature at Its Joints：Natural Kinds in Metaphysics and Science* ［M］. Cambridge：Massachusetts Institute of Technology Press，2011：4.

在论，像密尔、维恩等；后来的罗素、奎因、博伊德（Boyd）从集合论上发展了这种自然实在论。其中密尔和维恩，因为是这个概念发展的初期使用者，所以在他们那里所表现出来的是自然的实在论，一种直觉上将自然类看作是反映了客观的自然的节点上的分类，正如密尔所说，"自然划分建立在客观类的基础上，它的种当然不是传统的，就它们完全不依赖于自然主义者的任意的选择来看，这一点完全正确。"① 像化学成分的研究中，对组成成分的分类反映了成分之间本质上的划分，比如化学的发展证明并没有燃素，或以太这种物质成分，虽然科学研究在这种成分本身上会犯错，但是在事物节点上的区分仍然是客观而必然的，这种分类确实是自然的。例如对化学成分的阶段分类反映了成分之间本质的划分。当然有时科学家和其他人在他们断定的自然类上是会犯错的，比如并没有燃素或燃烧的空气这种类。不过在所有事物中有事实上的客观分类，当我们做出一种天然的分类时，那种分类确实是真正自然的。科学理论反映了不依赖于现象的理论，而科学的理论假设则反映了本质的自然划分。

后来，由于罗素本人对摹状词理论的研究，他更注重从模态方面，将类看作是集合。罗素曾讲过，一个自然类的本质，我们将其看作是一组拥有一定许多特征的对象，而这些特征之间的逻辑关系是未知的。像矿物质、植物等都是形成自然类的范型，不过并不是所有具有相似特征的事物都能形成一个自然类集合，比如红色的物体所形成的集合。他认为集合中的成员所分享的特征之间应具有一种内涵上的邻近性，也就是维特根斯坦所说的家族相似性。奎因对类的集合实在论观点更宽泛，在他看来，一组具有相似性特征集合的事物都能形成一个事物集，无论是自然事物，还是人工产物。罗素否定的白色物体集合，被奎因囊括进了

---

① MILL J S. *A System of Logic* [M]. London: Longman, 1884.

他的自然类集合里。他更多的是用"相似性"来定义"类",认为这两个概念在内涵上相同,这比较符合我们直觉上用相似性进行归纳来形成的集合。一般认为,自然类中的成员被看作是固定的,它们分享共同的特征,但自从达尔文提出生物进化学说之后,关于生物物种到底是不是自然类的问题,一直都有争论。进化的生物似乎因它的变动性,即特征的变化,并不被一些哲学家看作是自然类。不过,博伊德不同意,他认为生物类是典型的自然类,这些生物的特征形成一个静态特征簇类,这些生物符合下面的四个标准:"1. 它的成员要相互类似,不是因为这些成员分享一个共同的本质,而是因为它们彼此之间的历史关系。2. 这一个体表征特征,与该类的其他成员的表征一样。3. 支持归纳,归纳是基于成员相互之间的历史关联,也正因为这一点它们之间相类似。4. 模态空间或者历史上是受限的,例如,智人并不在双子地球上出现。"①这些特征的形成是由于在一种特定的环境下的生物会因为适应环境而形成一种自我平衡机制,而一个自然类中的生物对外在环境做出反应时,体现出功能上的相似性。这些生物在进化中会形成一种代际的稳定性,这种稳定性保证了生物在应对环境时的一种自我平衡机制,另一方面也保证了这些成员之间具有相似的适应性机制。

对实在论的观点,在稍强的意义上来看,是指对本体论做出了承诺,并提出了相应的理论来解释。如劳尔(Lower)、阿姆斯特朗(D. Armstrong)、埃利斯(B. Ellis)等强实在论者,认为自然的区分实质上就是实在本体的不同。劳尔提出了实体的四范畴理论,他认为这些范畴决定了同一性边界及组成成员的数量,比如人或者动物,"人"决定了组成人的群体的成员就是由"人"这一实体的范畴规定,成员的数量也相应地是,那些被称为"人"的个别对象,即成员的可数数量是

① BOYD R. Kinds, Complexity and Multiple Realization [J]. *Philosophical Studies*, 1999, 95(1): 68.

一定。相似的，动物群体也如此。每个实体范畴的边界使得我们可以从本体论上区分出不同家族成员的不同身份。① 劳尔进一步说明这一形而上学实在论的范畴决定性，认为它们在某种程度上可以解释那些发现的经验理论，为这些自然规律奠定一种形而上学的基础。他赞成世界存在本原或始基的观点，否定了洛克的名义论观点，即一般性的类仅仅是人类理智的发明，我们对物质的分类是基于历史或者习惯，这个世界除了个别物体，无物存在。我们对物质的分类不仅仅在于物质的外在特征，更重要的是事物的内在成分或结构，由这种更深刻的形而上学的基础决定。

阿姆斯特朗赞成实在论观点，并将它与工具论区分开，认为类标记了自然的正确连接。他与劳尔不同的是将自然类区分为实体类、关系类和特征类，这种对自然类的划分方式直接影响了埃利斯，埃利斯的分类方法与他也还稍有点区别。不过埃利斯认为自然类在承诺了本体后，还提出一种本质主义观点来解释自然律的必然性，而阿姆斯特朗是通过共相的普遍性关系来保证律则上的规范性的。埃利斯的这种本体论承诺与劳尔的不同，他将自然类看作是一般的普遍物，并认为他们具有层级的结构。从范畴上，他将其划分为三类，即质料类、过程类（动力类或事件类）及特征类。② 质料类一般是指客体的组成部分，如重子、轻子、氯化钠等；过程类一般包括因果作用过程、能量转化过程，这些过程体现在各种化学反应或者物理事件等，比如 $H^+ + Cl^- = HCl$；物理现象中的反射、衍射等；特征类，在埃利斯看来，是指时空关系或者倾向性特征、范畴特征，比如质量、场强等。这三类形成普遍物的三种范畴，这种区分并不是根本意义上的，对于埃利斯来说，它们不像劳尔那样，

---

① LOWE E J. Entity, Identity and Unity [J]. *Erkenntnis*, 1998, 48: 191-208.

② ELLIS B. *Scientific Essentialism* [M]. Cambridge: Cambridge University Press, 2001: 97.

存在着形而上学上的不同，但他仍然认为一个自然类与另外一个自然类的不同仅仅是范畴上的不同，对于自然类来说，它的结构及其本质才是真正决定其类是此一类的因素。因此埃利斯在一种传统意义的实在论基础上，结合本质主义的观点发展出了独特的新本质主义实在论。

杜普瑞（Dupre）提出了混合实在论的观点，认为存在无数种合法地划分世界的不同的分类方式。① 他的自然主义实在论更多的是基于常识的和具体的科学研究上的分类实践。比如，常识中一般将百合花看作是花中的一类，然而在生物学上它并不属于百合物种。再比如从生物学研究上来看，我们的分类方法也有好几种，根据表观形态来划分的分支系统学，根据器官起源来划分的进化分类学，现在又有整合进计算机技术，将主要的研究性状赋值编码的数值分类学。同样的，杜普瑞也同意根据人类的兴趣而做出的分类也具有合法性地位。所以，没有唯一的依据客观的节点而划分世界的方式。

有关实在论观点的持有者，本体上的不同才是类之所以被划分开来的根据，比如自然物质在组成成分上的不同，拿铜和铁来说，两者的不同是因组成元素铜原子和铁原子的不同。不过这种为了解释特征上的不同而引入一种本原实体上的不同，证据尚嫌不足。劳丹（L. Laudan）在"反趋真实在论"一文中列出了一个包含着"过去理论的名单"②，如文学的晶体球理论、医学体液理论、静电流体理论、化学素理论、热质说、热振动理论、生理学的活力理论、电磁以太理论、光学以太理论，这些理论是"错误"的，但都曾一度被视为成功的，并且是富有成果的理论。这些理论中曾被认为"真实"存在着的自然实体，即晶

---

① DUPRÉ J. Promiscuous Realism: A Reply to Wilson [J]. *British Journal for the Philosophy of Science*, 1996, 47 (3): 441-444.

② LAUDAN L. A Confutation of Convergent Realism [J]. *Philosophy of Science*, 1981, 48 (1): 47.

体球、体液粒子、流体粒子、化学素、热质、活力素、以太等，都被后来的科学发展送进了历史的坟墓中。按照劳丹的思路，如果当前成功的理论确实是描述了自然界事实，那么过去的理论就是不正确的，"我在论文中的方法，可以称之为历史开局策略（the historical gambit）。意在表明这些历史案例对实在论的辩护——当今的理论，包括那些经过了严格检验的理论就由此可以保证'切在了世界的节点上'——是有问题的"①。但这种对实体类的反驳有"倒洗澡水时竟连盆中的婴儿一起倒掉"之嫌，正如密尔曾认为的，科学发现的成分类在具体个别物上可能有错，但仍旧是反映了一种自然节点上的实在类，否则当今基本粒子的物理研究将面临巨大的挑战。

杜普瑞的混合实在论观点，是以实践目的和兴趣为依据的世界分类法，它的合理性同样值得商榷。诚然科学家对自然界的研究免不了带有主观的情感倾向，但是对自然界的研究仍要本着尊重自然的态度。更为重要的是科学研究中自然律的提出，都是建基于自然事物的特征、过程或者关系存在着秩序性和一致性的前提上的，科学研究中的基本准则是"科学猜想，自然裁决"，即人们提出假说，并在试验条件下检验他们，让自然来淘汰那些错误的思想，科学家或是修正他们的假说，或是改良他们的工具，以便发现新事实。科学研究要求我们将工具及其解释概念和数据分析及理论之间相调适，在达到一种和谐之前，那种相适性并未被决定，科学实践、兴趣等都是不确定的，很明显，一个科学家的任意独断性不会在自然研究中走得长远。

二、国内研究

国内的研究主要从三个角度进行，前两种都具有实在论的倾向。一

---

① PSILLOS S. Scientific Realism and the Pessimistic Induction [J]. *Philosophy of Science*, 1996, 63 (5)：S306-S314.

是分类学方面，像张华夏、张志林及高剑平。张华夏在《本体论、价值论与科学解释——"引进系统观念"的立论与批评》这篇长文里，①结合对自然律的解释提出了三种类，认为亨普尔（C. Hempel）的第一种解释模型，科学解释模型 D—N 模型（the deductive ncmological model），即演绎律则模型，对应的是一种理想的类，这一类中的元素形成了一个集合，这些元素具有特征 P_1，P_2，$\cdots P_n$，这些特征对这个类中的所有成员可以进行充分而必要的说明，因此可以直接用这些共同特征来定义这个类。正如英国哲学家马奇（J. Mackie）说，"粗糙地说，无论我们怎样找到某一些性质的集合，它们可以用作譬如说对猫下定义的定义集，我们同样可以找到其他的性质，它们对于这个客体类来说是共同的，它们取自上面的性质集合，也包括取自许多其他的性质集合，这些性质都可以作为该类客体（猫）的替代性的定义集，它们对于该类客体是共同的，并将该类客体与其他客体区别开来"②。第二种 I—S 模型（the inductive statistical model），即归纳统计模型，对应的是家族相似的类。维特根斯坦认为，这些类可以这样来描述，"考虑一下我们称为'游戏'的过程。我指的是棋类游戏、牌类游戏、球类游戏、奥林匹克游戏等，不要以为它们一定有某种共同点，否则它们不会都叫作'游戏'的。……你是不会看到所有游戏的共同点的，你只会看到相似之处和它们的联系，以及一系列关系"③。这些类中的元素不像自然类中的成员那样具有一些本质特征，这些本质特征是这个类中的所有成员都共同分有的。但家族相似的类中的成员具有起源上的本质特征，也就是从衍生的角度来看，加上一个从前到后表示演化的这种序列，可以表

---

① 张华夏. 本体论、价值论与科学解释——"引进系统观念"的立论与批评［D/OL］. 中山大学哲学文库，广州：中山大学，2002：39—50.

② MACKIE J L. *Problems from Locke*［M］. Oxford：Oxford University press, 1976：87.

③ 维特根斯坦. 哲学研究［M］. 李步楼，译. 北京：商务印书馆，1996：46.

示为 K_1, K_2, ……K_n, 如果从 K_n 处向前回溯, 总能找到一个特征是 K_{n-1} 所具有的特征, 这样通过有穷回溯总能发现 K_1 具有的相似特征。最后一个通过阴阳五行说来解释中国传统科学中的功能类比解释模型 F-A 模型, "功能类比解释模型或直觉功能类比解释模型 (the function-an-alogical explanation model basing on intuition), 简称为 "F-A 解释模型", 对应的是建构型家族类似类 (constructional family-resemblance kinds), 这些家族类似类, 比较混杂, 不像自然类那样有中心的特征, 这些组成成员之间只具有一些共同特征, 这些特征被认为是 "亚本质" 或 "准本质" (quasi-essence)。这种研究思路从对自然律做出的解释对类进行划分, 为自然律在本体实在论的层面做了奠基, 但对自然类本身解释的还太少。

二是从具体科学研究领域, 主要是生物学领域, 从对物种是个体还是类这个由来已久的问题进行了阐释。主要有董国安、王路等。董国安主要来分析物种这个概念, 认为物种是一种进化单位, 具有连续性和基因流动、遗传调节和接受共同的选择压力等内聚性, 且只有物种才是进化的基础。[①] 他赞同迈尔的观点, "一个正在进化的群体一旦从它的亲代群体那里获得了隔离机制, 就达到了不可逆点。从这个不可逆点开始, 这个新种就能侵入新的生态元和新的适应带。新的更高分类单元的起源以及所有进化的新产物的起源, 最终都可以追溯到奠基者物种那里。因此, 物种是进化生物学的基本单位"[②]。董国安是将物种作为一个本体的原点, 从本体论的角度来加以分析的, 并认为它具有不可还原性, 作为一种实体的个别本质而具有实在性意义, 与传统的亚里士多德的本质主义观点相接近。他还从物种和自然律的角度来加以阐述, 主要

① 董国安. 论物种作为个体 [J]. 自然辩证法研究, 1994 (1): 38—43.
② 迈尔. 生物学思想的发展 [M]. 刘珺珺, 等译. 长沙: 湖南教育出版社, 1990: 315.

是将自然律看作是关系类理解，认为前者对后者具有演绎上的决定性，符合张华夏分类系统中的第一种理想的类，指出物种的同一性定律决定了生物学中的一般形状和生物学理论中的物种规则。

三是语义学的角度。由于克里普克-普特南的思想对 20 世纪分析哲学的影响，从而出现了很多有关于两位哲学家思想中的自然类词项而进行的分析性的研究。很多的研究以克里普克-普特南的思想为载体来阐述，这里仅以朱建平的研究为例。他就二人对自然类词项的理论观点的不同进行了区分，他赞同克里普克对自然类的本质性观点，认为像专名一样自然类词项是严格指示词，普特南对严格指示词谈论得较少，也很少有在所有的可能世界识别出相同的个体的提法。朱建平总结了克里普克-普特南在对自然类词项解释上的六个特点："1. 自然类词项是表示自然物质、自然现象和自然种类的表达式。2. 自然类词项最初获得它们的外延是通过一个明示的洗礼的方式，或者一个描述性的规定的方式，随后人们经由某些因果链条而将其名字逐步地传播开来。3. 自然类词项可依据它们的语义学性质划分为两类。前者是直接指称词项，后者是描述词项。4. 直接指称词项分享着专名的三个特征，这些特征是绝大多数普遍词项所不具有的。即它们是非描述性的，是直接指称的，是严格指示的。5. 一个描述词项（如 H_2O）把指称的性质固定于分析的先天定义中，因而，每当理论有新发现和理论发生变更时意义和指称也将随之变化。6. 像'水是 H_2O'这样的涉及严格指示词的明显等值陈述如果是真的则必然真的，但是它们的真经常是通过后天的方式得到的。"[①] 他肯定了自然类名词的指称性，并认可这种命名方式的因果依赖性，最后还强调了这种命名方式的后天经验，朱建平借用了普特南的观点，表达的实际是一种命名性理论，也论述了如何从一种名称或者是

---

① 朱建平. 论克里普克与普特南自然类词项语义学观之异同 [J]. 电子科技大学学报（社科版），2011, 13（1）：74—79.

符号意义上来使用自然类的词项。

第三节　本质主义

根据以上学者的观点，不论是国外还是国内，随着人类社会自身的发展，人类越来越从自然界中独立出来，自身的力量得到了意识，并通过改变自身的世界得到了增强。哈金、古德曼就阐述了人类依靠自身的经验、想象和创造而建构起来的人工类，认为它们是从社会文化中产生的一种不同于自然类的类。这些类被区分出来，是有其必要性的，但是它们与自然类的差别是否真的那么大，并可以充分保证这种区分的合法性，这一点是可疑的。在区分事物上，司各特（Scoutus）曾指出存在着三种不同，其中一种是思想上的区分，这种区分是人类根据思想制作出来的，是一种名义上的不同，由于猜想的需要，我们给出物质的不同范畴，但是它们的界限却不是人类知性的产物。博伊德说，科学研究实际上是心智上依赖的，在特定的意义上它们独立于理论和概念，在某种现象上的研究，尤其是那些不独立的社会现象，都会有一些特征，因果地依赖于社会实践的各方面，包括了这些现象的理论结构性。在这种意义上来说，它们并不是理论独立的。① 正如维基百科所说，广义上来看，文化和自然之间的不同，文化上的人工产品一般来说虽不能被看作是自然类，但这并不意味着文化产品就是非自然的，更好的方式是采用亚里士多德的术语，将之称为"第二自然"。它是基于整体自然的进化，而衍生出来的第二性征，这种"第二自然"也具有客观的实在性。这样看来自然类的实在论观点仍具有无可争议的合理性。

---

① BOYD R. Realism, Anti-foundational ism and the Enthusiasm for Natural Kinds [J]. *Philosophical Studies*, 1991, 61（1）：127-148.

从前面的分析来看，关于自然类的认识中，对自然类的实在论观点，从密尔、维恩、奎因等一脉发展而来的理论仍有其积极的现实意义，他们的观点比较接近自然主义实在论。虽然这种观点具有吸引力，但是对于如何将这种实在论的观点现实化，使其并不仅仅停留在直觉或者是承诺的意义上，还需要对这种理论做出进一步的发展。后来的埃利斯发展出来的新本质主义，主要针对自然类理论提出了一种比较新颖的观点。

一个自然类概念的产生，从方法上来说，是根据一个家族中的相似性特征。自然类可以通过一系列必要和充分的特征给出定义，它的自然性是具有这些特征的成员的更内在本质的一种表征。根据洛克的思想，本质应被看作是事物的一种持存性，借由它而成为它本身。普特南也认为，"如果我描述什么东西是柠檬，或者一种酸的东西。我指的是，它可能有某种特征，黄色的皮，或者在水中溶解时是酸的，正如事例中表明的。但是我也意在表明，这些目前的特征，如果它们是现实的，都可以被一些'本质的特征'解释，而本质特征也被这一类中的其他成员分享"①。从事物的外在特征来看，人们可以通过特征之间的不同，诸如颜色、气味、硬度、光滑性等表征上的不同，将事物进行刻画，当然这种描述是基于对事物的认识上的，建立在实在基础上，并不是理智的发明。在这些界限下，存在着分类，可能也会随着时间的演化而在具体的表征或者成分上发生变化。比如苏格拉底生了一场病后，记忆力衰退了，但并不影响苏格拉底仍旧是他本人。这些个体上的变化，都只是涉及一些外在形式上的改变，与真正的本质仍旧保持不变，正是这本质使得苏格拉底仍旧是苏格拉底，一个更广泛的类——人类中的成员。

科学研究根据所研究的对象划分成类，形成关于类的理论，我们一

① PUTNAM H. Is semantics possible？[M] //SCHWARTZ S. *Naming*, *Necessity*, *and Natural Kinds*. Ithaca：Cornell University Press，1977：104.

17

般用自然类来解释这种相对不依赖于人的分组和排序，现在科学实践已经表明在揭示这些类上是成功的。每一门学科则都有根据它的基质和结构而形成理论范型，这些对自然界现象解释的规范化形式和历史模型，形成了这一学科的基本范式。杜普瑞认为日常分类和科学分类之间并不一致，像蝴蝶、百合、数字等都有很多种方式进行分类，但是具体科学中的对象分类是基于特征之间的紧密关系的。"因为它（联系）反映了更广泛的更重要的实在的方面，进化的过程，比为了某种特殊的目的任意安排更能反映实在。确实，因为它反映了更广泛的方面，通常它将无疑是最令人满意的系统。而且，当作为一个图表来表达时，它变成了一种系统树，并且如果它们是成功的，我们就能够做出一个关于它的重要的归纳，属于任何种群的所有动物，不管它是属于巨大的昆虫类还是微小的像我们常见的白蝴蝶（粉蝶属），它们相互之间将通过真实的血统，产生一种比它们与地球上的其他生物之间更紧密的关系。"① 当相关的特征簇形成一个自然类概念时，一个系谱树的等级性连接关系，有时也被看作是一种因果性来解释类理论的概念性的表征，正是这种因果性在不同类的划分上作为本质来解释特征发挥着核心作用，使得一个类表现出巨大的内在的一致性，自然律由之呈现出一种必然性的连接。哈沃德·桑奇（H. Sankey）在《自然类与归纳》中给出了这种科学研究的特征三个经典性描述：1. 科学实在论的目的就是朝向进步的，努力发现一个客观的、独立于心灵的实在世界特征描述；2. 科学的本质通过这种对客观实在的研究，由独立于心灵的自然类设定，它们具有本质的因果力；3. 自然主义的认识则意在最终解释我们所根据的自然的客观世界。②

科学的研究不仅要知其然，还要知其所以然。通过桑奇的陈述，科

① FORD E B. *Butterflies* [M]. London: Collins, 1975: 70.

② SANKEY H. Induction and Natural Kinds [J]. *Principia*, 1997, 1 (2): 239-254.

学的实在论要达到 种对世界的客观本质的描述，同时还要进一步研究事物之究竟，也就是对事物的本质加以界定，并对这一本质的解释加以应用，以期达到桑奇所设定的科学认识的最终目的。

在阐述当代的本质主义之前，先回溯一下历史上的本质主义，站在当代哲学的视野中，去梳理这些自然类本质主义的观点，辨析这些理论存在的优势及问题，并从中发现时代的思想——新本质主义思想的价值及意义。

第一章

历史上的类本质主义

第一节　亚里士多德的古典本质主义

一般来说，就是一个客体的本质特征，使得这个客体"是其所是"，也就是说，这个本质特征包含了理解这个客体的其他那些特征。在西方的传统中，关于本质特征的概念还是要追溯到亚里士多德。梅勒（Mellor）断言，"我们的本质主义的前提是错误的，论证是无效的，它们似乎有理的结论是似是而非的。它们的本质可以装回亚里士多德的瓶中，那里才合适它们。"① 亚里士多德被人们称为"百科全书式的哲学家"，正是他将哲学从天上拉回到地上，他不仅是一个伟大的哲学家，同时还在具体的科学领域，如生物学中做出了很多广泛的经验性的研究。他不仅仅观察自然界的现象，对各门科学做出具体的分类，还在《工具论》一书中研究了知识表达的基本形式——命题，并最早发现了一些古典形式逻辑律，如同一律、矛盾律、排中律。由于对命题的研究，亚里士多德最先从语言学的角度对本质进行了研究，主要是在《论题篇》中做出了论述。既然主体在原初意义上，既不存在于一个主体里，也绝不用来述说一个主体，那么我们所能把握的便是命题，通过

---

① MELLOR D H. Natural Kinds [J]. *British Journal for the Philosophy of Science*, 1977, 28 (4): 299-312.

命题了解到一事物区别于另一事物的"是其所是"的东西。在命题"人是两脚行走的动物"中，谓词"两脚行走的动物"揭示了人的本质。更为准确来说，对于本质的说明通常用定义来表述，"定义乃是揭示事物本质的短语"①。"两脚行走"并不是"人"的真正本质，鸡、鸭等动物也都有两脚，单单给予一些特征上的说明来定义人似乎并不能阐明某一类事物的真正本质。亚里士多德通过八种范畴的区分对对象加以研究，其中第一个范畴就是实体，他还具体地将实体加以细化，认为存在第一性实体和第二性实体，这两种实体区分的依据就是属性与它们的主体之间的关系何者更为本质，那些本质属性与偶然属性相比自然是更为接近第一实体的。因此，亚里士多德指出，"一切不是第一性实体的东西，或者是第一性实体的一个本质属性，或者是第一性实体的一个偶然属性"②。对于将个体进行分类的种及属而言，属于第二性实体，而且"属比种更加真正的是实体"③。属比种更为合理地言说了个体的本质，相比于种而言，与个体之间有一种更为亲近的关系。"苏格拉底是一个人"比"苏格拉底是一个生物"，更为本质地表明了苏格拉底的本性。

亚里士多德在对"实体"范畴进行规定的原则中明确指出，"第一性实体是个体；第二性实体是个体的性质的规定"④。因此对个体的定义便构成了该事物的本质，"从量上对实体加以规定，其中一个被认为是其所是，是那就其自身而言的东西。因为'是你'不等于'是文

---

① 苗力田主编. 亚里士多德全集：第一卷：范畴篇 [M]. 北京：中国人民大学出版社，1993：357.
② 苗力田主编. 亚里士多德全集：第一卷：范畴篇 [M]. 北京：中国人民大学出版社，1990：2—3.
③ 苗力田主编. 亚里士多德全集：第一卷：范畴篇 [M]. 北京：中国人民大学出版社，1990：3.
④ 苗力田主编. 亚里士多德全集：第一卷：范畴篇 [M]. 北京：中国人民大学出版社，1990：3.

雅'，因为文雅不是就你自身而言的东西，而你的是其所是乃是就你自身而言的东西"①。因为主体在原初意义上，既不存在于一个主体里，也不用来述说一个主体，那么我们所能把握的便是命题，通过命题，了解到一事物区别于另一事物的"是其所是"的东西。在命题"人是两脚行走的动物"中，谓词"两脚行走的动物"揭示了人的本质。亚里士多德还将作为本质的定义与特性、属性、偶性区分开来，认为"所有的命题和所有的问题所表示的或是某个属，或是特性，或是偶性；因为种差具有类的属性，应与属处于相同的序列。但是，既然在事物的特性中，有的表现本质，有的并不表现本质，那么，就可以把特性区分为上述的两个部分，把表现本质的那个部分称为定义，把剩下部分按通常所用的术语叫作特性。根据上述，因此很明显，按现在的区分，一共出现有四个要素，即特性、定义、属性和偶性"②。在命题的陈述中，只有那些揭示了本质的谓词，才是对主词的本质说明，如果没有，就是特性。亚里士多德认为事物类有其本质，其本质决定了事物本身的存在。同时，亚里士多德又认为，事物类的本质可以用来表述该类事物的具体成员，以人为例，人的定义可以用来表述某个具体的人，因为某个具体的人既是人又是动物，而种的名称和定义都能够表述一个主体，也就是说，个体所属类的本质是它必然具有的，相应类的本质是个体的本质属性。

　　在语言学上，亚里士多德更多关注的是如何给出一种个别的定义，如"苏格拉底是文雅的"，那么"是文雅的"就不等于"是白的"，个体本质也就是"是其所是的东西"，就是决定一物成其为自身的东西，但这种个体本质没办法言说一个更宽泛的类本质。

　　后期，亚里士多德更多从现实世界领域来研究生命世界中的自然类

<hr>

① 苗力田主编. 亚里士多德全集：第七卷 [M]. 北京：中国人民出版社，1993：156.
② 苗力田主编. 亚里士多德全集：第七卷 [M]. 北京：中国人民出版社，1993：356.

事物，有的学者指出，正是亚里士多德将科学从神界拉向了现实世界。通过在实践中对各种生物的研究，他在《形而上学》一书中，将万物的本原统筹在由"四因说"构成的体系中，从而使得整个自然的运动解释为是朝向善的活动，将整个自然界看作一个有目的的、有秩序的、和谐运动的整体。他认为终极原因可以用来解释有机体组织所展示的一些特征，以及为什么这些有机体组织所具有的构成部分并不是偶然的，在动物部分给出了一些事例予以证明。比如，一颗小橡子最终将会长成一棵橡树，正如亚里士多德所说，"……此外，我们发现自然生成的原因不只一个，例如事物'为什么'而被生成和运动产生的本原。我们必须断定两种原因何为第一，何为第二。显然，第一位的是我们称作'为什么'的目的因，因为它是事物的逻各斯，而逻各斯乃是自然作品同样也是技艺作品的原则或本原。……目的因或善在自然作品中比在技艺作品中更为重要。"① 这样按照亚里士多德的说法，目的因比动力因在理解自然物体这一点上更为优先。亚里士多德并将他所认为的终极因的观点拓展到生物学领域之外，所有自然客体、动物及其部分、植物及简单物体，在它们自身中都包含着一个本质。"……因为出于自然的东西都是从自身的某一个本原出发，经过连续不断地被运动，从而达到某一个目的。运动所由出发的个别本原，对每一个体不可能全然一样，也不可能是任意机遇，而是永远趋于相同的目的，假如没什么阻碍的话。"② 自然必须从终极因上来理解。"因此很明显，自然是一种原因，而且如上所说，是作为有所为的原因。"③ 简单的客体和有机体物种是

---

① 苗力田主编. 亚里士多德全集：第五卷：论动物部分 [M]. 北京：中国人民大学出版社，1997：4—5.

② 苗力田主编. 亚里士多德全集：第二卷：物理学 [M]. 北京：中国人民大学出版社，1997：53—54.

③ 苗力田主编. 亚里士多德全集：第二卷：物理学 [M]. 北京：中国人民大学出版社，1997：54.

典型的真正的类，这些真正类的成员分享着共同的本质，并解释了它们的运动和改变。亚里士多德写道，"……，但是当这事总是要发生或经常在发生时，那就不是偶然也不是由于机会了。假如没什么障碍，在自然事物中永远如此"①。柏拉图认为，存在永恒和不变的形式统治着世界中的自然客体。亚里士多德则拒斥了用神圣的创造物去解释本质规律实在性，他还否定了德谟克利特的原子论的机械方法。根据这种方法，自然界所展示出来的规律可以解释原子内有虚空，从而保证了自然界的研究中有客观的规律，这是他的一个很大的贡献，其他的很多文化中因为缺少了这一点，以致没有发展出后来的自然科学。

亚里士多德类本质主义的主要内容一般包括下面三点：第一，一个真正类中的所有成员，都有一个真正的本质属于他们，并排除其他成员。一个真正的类必然且充分地由它的成员分享的真正本质所描述。第二，一个真正类中的成员所分享的共同特征中的一部分，都可以从这一类所有的真正本质中演绎出来的。第三，一个真正类中的本质，有助于我们解释并预言它的成员中的那些从真正本质中演绎出来的共同特征。在亚里士多德这里，类本质作为成员的共同特征的前提，具有充分的逻辑演绎关系。一个是真正的本质描述了一个真正的类，现代的本质解释中常常引入内在的微观结构作为一个自然类的本质，认为这一微观结构是类中的所有成员共同具有的。这种本质的解释比较普遍，尤其在一些具体科学如生物学、化学中。艾耶尔指出，"十七世纪的新哲学，……认为，这种物质到目前为止都是潜在决定性的，它们确实有一个本质，事实上，一种物质从自身来看，不考虑它的精神性的话，它形成了宇宙中的所有事物。没有必要预设其他的宇宙本质，——并没有具体的物质形式……上帝不同于水，一棵橡树不同于一匹马，不仅仅是在物质形式

---

① 苗力田主编. 亚里士多德全集：第二卷：物理学［M］. 北京：中国人民大学出版社，1997：54.

上，也包括在物质上，但是在结构上，是最小部分的具体修正"①。

　　一起来看威尔逊（Wilson）对亚里士多德的本质观点的解读，一个亚里士多德的本质主义者的观点是，基因的结构不可以从亚里士多德的类本质的意义上来将生物物种定义为真正的类。因为经验的证据显示，"存在相当数量的交叉的基因相似性，以及额外的基因多样性"②。威尔逊指出一个生物物种的成员一般来说并没有相同的基因结构，所以威尔逊建议，应该放弃那种预设生物物种是一个自然类的典型案例的想法。总之，威尔逊宣称，首先，亚里士多德的类本质主义，即将自然类看作是由一个真正的本质来决定，一个特征或特征的集合对于类中的成员的身份来说，是充分且必要的，这是有问题的；其次存在生物自然类，但是生物物种不是，因为生物的自然类是由基因真正本质来决定的。

　　不仅如此，亚里士多德的类本质主义遇见了很多难题，其中之一是人们觉得这一理论并没有解释也同是自然类的生物物种。达尔文提出了用自然选择理论来解释生物物种的进化，那么新的生物物种是从旧的进化而来，但它们之间的界线并不完全明确，是模糊且连续的，而亚里士多德的类本质主义却要求真正的类之间具有严格的分界。这样的一种理论不能给我们一种解释，以便于告诉我们，为什么在动物世界里存在如此杂多的生物。同时，亚里士多德仍然是承袭了他的老师柏拉图的永恒形式的观点，自然界中的种类是恒久不变的，"亚里士多德不接受新种的变化，似乎也不认为杂交构成新的自然种类，而是它们母种类的畸形"③。

---

① MICHAEL A. Locke versus Aristotle on Natural Kinds [J]. *The Journal of Philosophy*, 1981, 78 (5): 250.

② WILKERSON T E. Species, Essences and the Names of Natural Kinds [J]. *The Philosophical Quarterly*, 1993, 44 (170): 1-19.

③ GRANGE H. Aristotle's Natural Kinds [J]. *Philosophy*, 1989, 64 (248): 245-246.

第二节 洛克的名义类本质

我们再接着来看持本质主义观点的另一哲学家洛克。洛克认为,物种与本质是相互联系的,当我们根据物种的名称进行分类后,如果抽调其本质,那么这一事物也将随之消失。一场灾害或疾病有可能将一棵树的颜色发生改变,或者因一场强暴风而将这棵树连根拔起,夺去它的生命,但是这些外在的变化对于任一个体而言都不是本质的,就像在笔记本上用铅笔写字或用墨水笔写字,都不会对写下的文字造成影响一样。"如果我用'论文'一名来称呼我所写下的东西,并把它归在'论文'这一类名下,则它的本质便在于其含有文字。"[①]

根据洛克的观点,存在名称上的类,在实在的具体意义上,存在一些真正的名称上的类,它们可以随后被解释。某一类事物的名义本质,便涵盖了这一事物的本性,当然名义上的类也具有本质。他认为一个名义上类的本质,即名义本质,它设定了名义类的界线。名义本质并不外在于心智,而是心智中的一般概念。这里洛克的"一般概念"指的是抽象概念,洛克用这个词来说明"一般"是如何产生的。当然无论哪种特殊东西,如果不用概括性的名称来表明这一物种所包含的性质,便不能被划分在这一类中,也不能用这一物种的名称来命名。但是洛克的观点,也并不意味着共相的存在,观念是思想创作的客体,这一客体在头脑中以作品形式表征出来。根据洛克的观点,所有存在的事物都是具体的,因此头脑中的观念也是个体的。洛克否认了共相的存在。他写道,"总相和共相不属于事物底实在存在,而只是理解所做的一些发明

---

① 洛克. 人类理解论 [M]. 谭善明, 徐文秀, 译. 西安: 陕西人民出版社, 2007: 187.

和产物"①。

洛克如此叙述一个物理对象所具有的真正本质观念，一个物理客体的内在组成成分是不可被感知的，并且一个物理客体可以提供出许多的真正本质，每一个都是它的内在组成的一部分，因为一个物理客体可以被划分成很多不同的名义的类，每一个的名义本质都相应于一个真正的本质，这些实在本质不可知，而这样我们就根据名义本质来对物理对象做出描述。洛克写道，确实，关于物质的真正本质，我们仅仅是设想它们的存在，我们并不能完全知道它们的本质，但是将它们连接到一种物种上的是名义本质，它们被设定为是始基和原因。不同的物理客体被分入不同的类，不是由于它们的内在组成，而是基于理智中的一般观念，共相或者一般物被限定在头脑中，并不存在于外在世界中，因此洛克的自然类理论带有名义论倾向。

据洛克的研究，任何存在于世界上的存在物都是个体的或者是个别的，与其将它们看作是存在物，不如说它们是存在形式。亚里士多德承认，至少有两个等级的存在物，实际的积极存在物和潜在的形式本质，但是洛克认为仅仅有一种积极的存在形式。不过，洛克的观点也表明了存在和个体有着亲近的概念上的关联。按照洛克的观点来说，我们尝试着改进我们对自然物质的知识，但是即使我们完善我们对自然物质的观念，通过本质的联系，我们也并不能认识那些物理组成的真正成分。他对于我们对自然研究的观点持怀疑态度，他并不认为自然科学研究可以走太远，"自然哲学不能成为一种科学。我想，我们在各种物类和各种性质方面，并不能得到许多概括的知识。我们只可以由实验和历史的观察，只可以由此得到安适和健康的利益，只可以由此增加人生的舒适品。但是超过这个限度，那就非我们的能力所能及的了，亦就非我们的

① 洛克. 人类理解论 [M]. 关文运, 译. 北京: 商务印书馆, 1983: 395.

才具所能达到了"①。洛克认为我们应该改进我们对自然物质的名称的定义:"在各种实体方面,我们并不常以为一个名词底意义,就尽于通常的那个复杂观念,我们往往要进一步来考察事物底特性和性质,并且因此尽力来改正我们的物种观念。"②

一些学者也从物质实体的变化中,批判了洛克的名义本质观。埃温·费恩斯(E. Fales)评论道,"如果大部分理论不能产生合适的范畴,那是因为他们的领域是复杂的实体,可能我们但就理论而言,仅仅是为了更好地描述或者支持这种描述,通过简单的物质部分……基本粒子物理认为存在一种明显而不专断的分类,根据物质的基本成分——或者叫它们基质,……可以肯定的是,如果基本实体自身可以逐渐改变,那么我们就不能仅仅通过理论来从洛克的观点中拯救出本质主义。"③

与亚里士多德不同,洛克通过名义本质来定义事物,可是洛克的观点否定了科学的进步,但现实世界中各门自然科学的发展,将洛克的怀疑论观点抛进了历史主义的深渊里。当然洛克也是因为当时科学条件的限制,所以他也并没有认识到自然事物背后的动力因果机制,"因为知识虽然建立在特殊的事物上,但是只有通过概括的观察才能得以扩大",而"概括的观察就是要对事物进行分类,并赋予概括的名称",这种归纳性的问题后来又被休谟提出,备受非议,自然类的本质如果是建立于这种归纳性观察的基础上的,那么它将再次遭受质疑。

---

① 洛克. 人类理解论 [M]. 关文运, 译. 北京: 商务印书馆, 1983: 918.
② 洛克. 人类理解论 [M]. 关文运, 译. 北京: 商务印书馆, 1983: 510.
③ FALES E. Essentialism and the Elementary constituents of Matter [J]. *Midwest Studies in Phylosophy*, 1986, 11: 393.

第三节 归纳悖论与自然类概念的复兴

现代意义上的自然类概念，自从密尔提出后，经历了一些发展，这些在引言中都已有阐述，但是这些发展都是自然的，一种细水长流的缓慢连续的进展。真正凸显出自然类这个概念，并用之来解决实际的哲学问题的还得益于奎因的努力。奎因重新复活了这个概念，并用这一概念来解决归纳问题，从而发挥了重要的作用。

奎因复兴自然类概念，是从研究归纳悖论入手的。1969 年他写了《自然类》一文，破解并处理了亨普尔的"新归纳之谜"和古德曼的"绿蓝悖论"。我们知道，亨普尔提出的归纳悖论。① 对于"凡乌鸦都是黑的"这个归纳概括命题，它逻辑上等价于"并非黑色的东西就不是乌鸦"这个命题，但我们现在可以找到两种不同的证据来确证"凡乌鸦都是黑的"这个命题，第一种证据就是找到黑色乌鸦的事例，它是事例范本（"the instantial model"），这种事例越多越好地证实这个命题。但还有第二种证据，任何一个不是黑色的东西，例如白色的天鹅、绿色的树叶、黄色的皮鞋之类由于确证了"非黑色的东西就不是乌鸦"，就等价地确证"凡乌鸦都是黑的"这个命题，而且归纳证据都可以有无限得多；但我们知道这些鱼龙混杂的证据没有一个能确证"凡乌鸦都是黑的"，这就导致了悖论。另一个归纳悖论是古德曼在 1955 年的《事实、虚构和预测》这本书中提出的，叫作"绿蓝悖论"②。他设

---

① HEMPEL C G. *Aspects of Scientific Explanation and Other Essays In the Philosophy of Science* [M]. New York：Free Press，1965：15.

② GOODMAN N. *Fact，Fiction，and Forecast* [M]. Cambridge，Mass：Harvard University Press，1955：74.

计了下列情景：有一个少数民族的语言中只有 grue 色（姑且译作"绿蓝"色）一词，没有绿色或蓝色的字。grue 指的是一块翡翠在时间 t（例如 2000 年）前是绿色的（green），t 后或者是蓝色的（blue），他们没有我们的绿色或蓝色的字便造出 grue。那么，根据与我们同样多的证据，我们根据时间 t 前的观察，预言在 t 后这块翡翠也是绿的，颜色没有变化，可是那少数民族预言在 t 后这块翡翠颜色变了，因为 grue 色表示有许多例子是蓝色的。同样的证据确证了两个相反的假说。为什么对同样的经验会归纳出完全不同的结果呢？这被称为是古德曼的"新归纳之谜"。明确解决这两个归纳悖论的是奎因，他指出，归纳必须在自然类中进行，这里"类"的概念指的是归纳证据必须限制在那个"事例范本"的范围，叫作可投射的，而"非黑色的东西"和"非乌鸦"都是不可投射的谓词，它不属于一个自然类，它们没有共同的或至少是相似的性质。类似于乌鸦、黑色、绿色和叶子这样的谓词都是可投射的谓词，但是非乌鸦、非黑，却不是。因为，虽然一个黑色的乌鸦倾向于确证这个命题，即所有的乌鸦都是黑色的，这个逻辑上等价的命题是，所有的非黑色对象都是非乌鸦。然而一个绿色的叶子倾向于确证这样的命题，所有的绿色事物都是叶子，但是并不倾向于确证这样的命题即所有的乌鸦都是黑色的，也不确证这样的命题所有的非黑色对象都是非乌鸦。因为绿色和叶子都是可投射的，然而非乌鸦和非黑并不是。根据这种方式，奎因断言这个乌鸦悖论能被解决。

奎因认为类似于乌鸦悖论这样的问题，对它的理解可以先将直觉类从自然类中区分出来，主要是因为直觉的类是不可信的，也是不清楚的，因此是非自然的。我们假设乌鸦、黑色、绿色和叶子都是有指称的谓词，但是非乌鸦、非黑，却不是。奎因所定义的那些可投射的谓词都是有指称的，是自然类，而那些不可投射的谓词只有指示性，因此是直觉类，一种形式化的谓词，却不是有内容的谓词。对于亨普尔的"新归纳之谜",我们需要解释类的概念以及为什么谓词像绿色、黑色,是可投射的,而绿蓝却不是,奎因给出的解释是,我们的主观的和内在的有关相似性的标准判断,例如绿色是可投射的,但绿蓝不是,绿蓝属于社会世界中的人工类。根据奎因的观点,归纳可用于两个领域,人类世界和社会世界,理解这些词的表面意义,像绿色、蓝绿等,是一个在人类世界才会发生的事例。我们不得不接受存在不同的语言世界,并认识到环境之间的相似性。一个人通过学习黄色的成功表明了人类之间相似性的主观标准,这种主观的相似性标准是内在的。奎因指出,学习像黄色这样的方式是属于一种归纳的学习方法,奎因从归纳推理的合理性进路来研究自然类是有很重要意义的,它理清了归纳悖论中那些像"绿蓝""非乌鸦"这样的词汇集并不属于自然类,这对归纳方法论的研究有很好的作用,但可投射性到底是个什么东西,因此引入的"自然类"如果不解决这个问题就等于从一个难题转移到另一个难题。于是他的《自然类》论文比较详细分析了自然类,自然类是一个集合,它的成员之间是通过相似性关联在一起。

奎因认为,我们的主观的和内在的有关相似性的标准判断,例如绿色是自然类,但绿蓝不是,就这样他通过将两者与自然类联系起来解决,但是这仅仅是奎因对归纳和类之间关系的观点的一部分。对于类和归纳之间的进一步联系,他这样写道,"对我来说……归纳的难题是这样一个关于世界的难题:关于我们怎么样,正如我们现在(通过我们目前的科学理解)在一个我们从没有工作过的世界,这也比我们在一个随意的或者投硬币的来自偶然的世界要好,当我们根据归纳进行预测时,归纳是基于我们内心的科学的不可被辩护的相似性标准。"① 根据奎因的说法,一个好的科学事实在自然中是存在着规律的,我们有理由

---

① QUINE W V. *Natural kinds* [M] //*Ontological Relativity and Other Essays*. New York: Columbia University Press, 1969: 127.

假定人的内在的相似性标准在某种程度上与自然的规律性相一致。奎因坚持认为自然选择加上相似性的内在标准是一个遗传的特征，这是对这种一致性的合理解释。这样自然类的概念就成了本体论、认识论和逻辑推理中的一个极为重要的概念，就归纳推理的辩护来说，自然类的概念在归纳中的作用可以看作是归纳辩护的"自然齐一性原理"（The principle of uniformity of nature）。

人们依赖相似性的主观标准来说明归纳的合理性，粗略地解释了我们为什么倾向于将归纳推论看作是可行的。奎因指出，无论归纳所使用的情形是来自主观解释还是习惯的形成，最终都可看成是自然的选择对人类的作用。由此奎因将责任推给了自然选择，这一点很令人怀疑。这种观点预设了前提，即人类内在的认识性标准可以应用在外在世界，这一点也一直受到哲学家的质疑。正如波普尔曾指出的，很多时候人们以假设猜想的方式来接触自然，人们关于自然的认知其实是通过在不断的犯错中学习到的知识。如果人们的内在有着自然律的先天形式，那么我们的科学历史则清楚地提醒了我们：多么傲慢自大。奎因还相信，一个成熟的科学应该消除相似性或者类的概念，从而达到更好的目的，但是哈克（Haack）指出，奎因所探讨的相似性或者类的概念在一门成熟的科学中很少出现，这一概念是模糊的。

对于作为与类概念相等价的相似性概念来说，什么是相似的呢？一个玩具娃娃与小孩相似，它们能组成一个自然类吗？蒯因说："类概念与相似实质上是一个概念。"The notions of kind and similarity are the same, wich is a "substantially one notion".① 但他始终没有用有共同的性质或有共同的本质来定义类似的概念。虽然他给出了一些很好的例子来说明作为自然类的相似性，例如乌鸦之间是相似的，非乌鸦的成员之间

---

① QUINE W V. *Natural kinds* [M] //*Ontological Relativity and Other Essays*. New York：Columbia University Press，1969：119.

是不相似的。不过他对自然类的界定是比较松散的，而且相似性这一概念本身也仍旧是不明确的。看来，要提出严格的自然类概念，还要等待后续本质主义理论的发展。

第四节　克里普克-普特南的语义本质观

近代本质主义学说是美国分析哲学家索尔·克里普克在模态逻辑语义学的基础上发展出来的。他的本质主义观点，主要集中体现在《命名与必然性》一书中，在该书中他提出了一种因果历史的命名理论。克里普克批评了罗素等人的观点，认为他们不了解严格指示词与非严格指示词的区别，他反对将专名用摹状词理论来代替描述，这种描述本身并不能完全确定对象。对所指对象的描述一般是用其属性来概述，一个对象的属性是无穷的，这种无穷的序列永远也不能够清楚地刻画这个对象本身。专名本身就是对客体的严格指称，专名本身是有穷的。克里普克认为，一般而言，在自然语言中，我们使用名字来指称一个物体时，都是严格对应的，或者是具有内在同一性的，当我们说，"我正在喝水"，所用的"水"这一名称，就是指正在拿着的水杯里的这种物质，这是没有异议的。再或者当我向另外一个人问"亚里士多德出生在哪一年"时，也是表明我们都指的是历史上存在的古希腊的哲学家，否则这样的问题便没有意义。"在我们谈论任何情况时，不论是真实的还是非真实的，设'a'（严格地）指示某个实际上具有 F 这种特性的唯一对象。显然，如果说话者确是以那样的方式把一个指示词引进了一种语言，那么，凭着这一语言行为本身，他就能说：我知道 Fa。尽管 Fa 所表达的仍然是一个偶然真理（如果 F 并不是拥有它的那个唯一对象的一种本质特性）。"① 也即，不管这一特性是对象的本质特性还是偶然特性，我们总可以根据它来唯一地确定该索引词的所指。

对于哪些是对象的必然属性，哪些是它的偶然属性，克里普克做了如下区分：认为必然性是指一个对象必然具有的属性即一个对象不可或缺的属性，也就是说，属于一个对象的"有其则必然，无其则必不然"的特性。偶然性是指一个对象偶然具有的那种属性即一个对象可能具有也可能不具有的属性，无论这一对象具有还是不具有这些属性，并不影响该对象"是其所是"。例如，在"水是 H_2O"这个命题中，"H_2O"是水的本质属性，也就是说如若某种物质是 H_2O，那它必然是水，反之亦然，如若某种物质是水，那它必然是 H_2O。在"狗是黄色的"这一命题中，"黄色的"这一属性并不是狗所必然具有的，狗并不都是黄色的，"黄色的"只是狗的偶然属性。对于这些自然类的命名通常举行命名仪式的人对他所命名的对象是熟知的，并能够用实指的方式给他命名，当这个名称一环一环地传播开去，听说这个名称的人往往会带着与传说这个名称的人相同的指称来使用这个名称。例如，一个小孩出生后，父母给他取了一个名字，他身边的人也这样称呼他，随着他长大，更多的人碰见他，他的朋友谈论他，由此他的名字通过谈话、宣传媒体像一串链条一样一环扣一环地扩散开去。克里普克就此解释，在一般情况下，我们的指称不仅依赖于我们自己所想的东西，更多的是依赖于社会中的其他成员，依赖于该名称如何传到其他人的耳朵里的历史以及诸如此类的事情。正是遵循这样一个社会的传承历史，人们才对指称有所了解。比如亚里士多德是古希腊的一个著名哲学家，年轻时，他曾是柏拉图的学生，离开柏拉图学园后，他做过亚历山大大帝的老师，并写过很多部哲学著作，诸如《物理学》《形而上学》《修辞学》等。对于一

---

① 克里普克. 命名与必然性 [M]. 梅文，译. 上海：上海译文出版社，2005：25.

个不了解亚里士多德的人来说，他可能只听说过这是位哲学家，其余的信息则并不清楚，不过他并不必须要了解更多这个人物的事，他就可以建立起这根历史的信息传递链条，并由此回溯到所指称的这个确定的人物。因此这根因果链条是客观存在的，"对一个活着的人来说，尽管这种链条确实存在，但可能并不知道它是怎样的。（'如沿一个专名的历史因果链条向上回溯，就能确定其唯一的所指，而传播任何意义描述，这仍然是专名对必然性的体现。'）同样的意见也适合于像'黄金'那样的普通名称。"① 比如"柏拉图"这个专名就沿着这个传递链一环一环地接续下去，站在这个链条另一端的任何人，都可以用柏拉图这个名字来指称柏拉图，并不必要知道柏拉图的种种特征。可知，这里"柏拉图"这个名字之所以指称柏拉图，是由它自身的起源所决定的。当然这种理论也不排除人们可能用同一名字去指称不同的人或对象，比如"凯迪"这个名字，可能是个女孩的名字，也可能是个玩具熊的名字，但克里普克指出，这种情况是由于不同的命名活动或名字的不同历史传递链造成的。

克里普克将因果历史的命名理论也推广到了通名或种名上，认为"对于种类来说，正像对于专名一样，一个名称的指称被确定的方式不应当被看作是该名称的同义词。在专名的情况下，其指称可以通过多种方式来确定。在最初命名情况下，典型的方式是它被一个实物或是一个摹状词确定。'通名'……对于标示出像'牛'或'虎'这样的物种或自然种类的谓词来说是完全恰当的……还适用于某些像'黄金''水'以及诸如此类的自然种类的物质名词"②。对于自然类来说，克里普克认为当我们将某一特性看作是它的本质时，那在它可能存在的任何场合，这一本质属性都是必然的。克里普克更倾向于将类的本质看成是

① 克里普克. 命名与必然性［M］. 梅文，译. 上海：上海译文出版社，2005：112.
② KRIPKE S A. *Naming and Necessity*［M］. Oxford：Basil Blackwell，1980：127.

该类事物的全体成员共同具有的内在结构。比如我们用"猫"这个词来指示一个种，不属于这个种的任何东西，即使我们觉得它像猫，事实上它也不是猫。在克里普克看来，猫的外部特征只是它的偶然属性，决定猫之所以为猫的是它的内部结构。具体来说，对于自然种类的通名，克里普克认为其所指的那一类事物的本质就是那些事物所共同具有的内在结构。例如水这一物质成分的结构是 H_2O，那 H_2O 就是水的本质。同时克里普克还进一步指出，在识别某类事物的内在的本质结构时，有时我们可能会搞错，但是类本质是客观存在的，不会因任何其他的东西而改变。我们可以设想，存在着这样一种动物，尽管它具有猫的所有外部特征，然而它在内部结构方面与猫有很大的差异，以致我们应当说，它们不是同种的东西。我们可以在不知道它的内部结构时，进行预设，用"猫"这个词来指示一个种，不属于这个种的任何东西都排除在外，这样我们就用"猫"这个专有名词来指称一类与它具有相似的内在结构的物种。自然类词项同专名一样，也具有严格的指称，是自然类的表达式，它们最初获得其外延是通过一种明示性的洗礼方式，或者一种描述规定的方式，之后再通过因果链条而将通名传播开来。"种名可以一环一环地传递下去，就像在专名的情形中那样，以至于许多很少见过和根本没见过黄金的人也能够使用这个词。它们的指称是由一根因果的（历史的）链条确定的，而不是由任何词项的用法决定的。"① 比如，"柏拉图"这个名字，之所以应用到柏拉图身上，并不是柏拉图本人的那些特征体现了"柏拉图"这一专名的内涵，而是因为柏拉图在一出生时，就由他的父母取了这个名字，其他人认识他后也用这个名字称呼他，如此下去，便会形成一个有关柏拉图的传递链条并传递下去。"水""金""虎"这类词项，前者是直接指称词项，是严格指示性的；

---

① 克里普克. 命名与必然性 [M]. 梅文，译. 上海：上海译文出版社，2005：132.

像"哺乳动物""双生叶植物"这类词项是描述性，虽然是非严格指称性，但这类描述性词项仍可将它们指称物的性质固定在分析的先天定义中。克里普克认为这种命名方式可以保证指称的连续性。

普特南以一种与克里普克相同的方式来使用本质概念。普特南说道："我的理论可以总结为比如像'水'这样的词有一个未曾注意到的索引成分。水在这里是一种具有与周边的水相似关系的东西。"① 普特南在解释命名仪式时，使用了一个取自古希腊阿基米德或附近地区曾使用过的金的名称。普特南想借此表明存在着一幅早先命名某些东西的先天图画，在这幅图画里，名字经由历史的传统延续为一个真正的物质名称。他把自己的理论称之为索引的，也就是指示的。像自然类词项，它们的外延确定方式是与"我"这样的索引词的外延确定方式完全相同的。对于自然类的本质属性，普特南这样认为，"本质属性不是一个语言分析的问题，而是一个科学的理论结构的问题。用今天的话来说，就柠檬的情况而言，这是一个染色体结构。就酸的情况而言，这是一个同位素结构"②。普特南同克里普克一样，都认为存在着隐秘的结构（后来他称为微结构）是相同物质或物种的本质。所谓隐密结构，普特南的解释是对象的基本素材和排列方式。通常情况下，一种液体或固体的重要性质是结构上的性质，即用于说明构成这些液体或固体的那些基本粒子，比如氢、氧，或者任何其他元素，以及形成它们的表面特征的排列和组合方式。

不过克里普克的专名的指称链也会发生转移、中断或是消失的情形。他试图为指称理论找到一个完备的充分条件，看上去并不能令人信服，他对罗素等人的批评虽有一定道理，但也值得再商榷。正如哈克所

① PUTNAM H. *Mind，Language and Reality：Philosophical Papers* [M]. Cambridge：Cambridge University Press，1975：234.

② 马蒂尼. 语言哲学 [M]. 北京：商务印书馆，1998：593.

说的，这两种理论（摹状词理论和因果历史指称理论）并不是完全对立的，它们实际是相互补充的。"如果把对象比作鱼，那么摹状词就相当于渔网，历史因果链则相当于渔叉，摹状词对对象的描述或指称是'网状式'的，即是一组或一簇，而历史因果链条则可以说是语言直接把握对象的手段，渔网和渔叉在捕捉对象时并不是相互排斥的，而是互补的：渔叉即历史因果链条说可以解释我们如何能够设法谈论我们对其甚至一无所知的人，渔网即摹状词说则可以解释我们如何能在不引起混淆的情况下，对具有同样名称的几个人中的一个或一些做出议论。"①

　　另外，克里普克的例子关心的是理论的名称，它们具有典型的命名形式 C=T，即 C 是这个类的普通名词，T 是专业术语，从而告诉我们类是什么。拿金来说，克里普克认为某物表面像金，但却缺少原子数是 79 这种特征，它并不是金。这表明，从必然性来说，原子数是 79 对金而言是必要的，但并不表明具有这种特征对成为金来说是充分的。普特南的孪生地球的思想实验，也没有以语义学的方式，得出关于水有微观结构的本质的结论。我们想象，有一个星球"孪生地球"，在可观察方面与地球极为相似。每一个地球上的人和事物都在孪生地球上有一个孪子。然而，在孪生地球上没有水。取而代之的是，与地球上的水有相同表征性特征的液体（例如无色、无味、无嗅、适于喝等）。这种液体我们称为"水"，它的组成不是 H_2O 分子，而是很不同的形式，我们指定其组成形式是 XYZ。自然地，在孪生地球上的水的物质与在我们星球上称为水的并不相同。无论是克里普克还是普特南所给的论据都并没有直接给出结论，具有相关的本质特征对类标志而言是充分的。普特南的孪生地球思想实验只允许得出结论，成分 H_2O 是成为水的必要条件，但不是充分条件。

---

① 曾庆福. 克里普克的历史的因果命名理论评析［J］. 河南社会科学，2006（2）：113—115.

　　19 世纪末期和 20 世纪上半叶，科学哲学是在逻辑经验论的支配下，哲学中有一个著名的口号，就是"拒斥形而上学"。那些"本体与偶性""本质与自然类""必然性与因果力"这些范畴都被认为是无经验意义的形而上学范畴而被排斥。鉴于克里普克-普特南的语义观仍存在着一些问题，以及逻辑经验论的衰落，本体论的研究一直处于沉寂状态，近来在英语世界中重新兴起，特别是奎因提出语言、命题与理论，都坚持了"本体论承诺"，由此开辟了分析的形而上学新学科。本书讨论的新本质主义理论就是一种从本体论视角对自然类做出的论述，并运用类的实在本质的倾向性对自然律加以解释的思想进路。埃利斯等人所提出的这种新本质主义理论在自然类概念复兴的背景下及本体论研究的需要下方兴未艾。

第二章

新本质主义

第一节　实在论

一、内在实在论

瑞恩·埃利斯（Brian David Ellis）是自然哲学中新本质主义学派的主要成员，这一阵营中另外包括的哲学家有悉尼·舒梅克（Sydney Shoemaker）、查尔斯·马丁（Charles Martin）、乔治·莫纳（George Molnar）、乔治·比勒（George Baler）、约翰·贝格娄（John Bigllow）、凯瑟琳·莱格斯（Caroline Lierse）、埃文·埃勒斯（Evan Ales）、尼克斯·麦克威尔（Nicholas Maxwell），南茜·卡特莱特（Nancy Cartwright）及约翰·黑尔（John Heil）等。本世纪初埃利斯接连出版了论述新本质主义的著作，包括《科学本质主义》（Scientific Essentialism）、《自然哲学——新本质主义导论》（*The Philosophy of the Nature——A Guide to the New Essentialism*）、《真理和客观性》（*Truth and Objectivity*）等。分析哲学的国际刊物 Ratio 2005 年第 4 期专刊主编了关于新本质主义的讨论论文中，埃利斯的主题论文《物理实在论》（*Physical Realism*），《科学的目的是什么》（*What Science Aims to Do*）被选入其中，而后者《科学的目的是什么》一文还被选入了邱奇兰德和胡克选编的《科学形象》

一书中。金吾伦曾写道，埃利斯是作为新本质主义者的代表而选入，表明科学哲学界对埃利斯思想的重视。①

在这些科学哲学方面的一系列著作与论文中，瑞恩·埃利斯的目的是用新本质主义理论来论证科学实在论。他发表了一系列相关的文章，如《合理的信念系统》（1979）、《作为评价模式的真理》（1980）、《科学的目的是什么》（1985）、《科学实在论的本体论》（1987）、《利用价值为基础的认识论解决归纳问题》（1988）、《内在实在论》（1988）、《力》（1989）。范·弗拉森（V. Frassen）在《科学的形象》一书中谈到科学实在论的观点时，第一个提到的是塞拉斯，在他之后就是埃利斯。埃利斯的科学实在论的主张，与塞拉斯的科学实在论的观点相比，他给出了一种更强的形式："我理解的科学实在论是这样的观点，即科学的理论陈述或目的是对实在作真实的概括描述。"范·弗拉森（Van Fraassen）认为，"这种提法有两个优点：他集中于对理论的理解而没有涉及相信的理由，此外它避免了这样的结论，即要成为一名实在论者，你就必须相信当前的科学理论是真的。"②

关于科学实在论的研究是 20 世纪科学哲学领域中的一个焦点问题。最早的科学实在论是形而上学的，形而上学的科学实在论者一般认为，世界具有客观的、独立干人的外在结构，像普特南早期就持有一种世界存在"上帝之眼"的外在实在论。劳丹曾将实在论者公认的目标，看作是解释科学为什么是成功的，这种解释实质上预设了真理的存在，人们对世界的认识通过一步一步地接近真理来实现。现代科学的实在论扬弃了形而上学的立场后，带上一种认识论的倾向。认识实在论认为，预测成功的科学理论是经过证实并且近似为真的。博伊德给出了关于实在

---

① 金吾伦. 埃利斯的内在实在论 [J]. 自然辩证法通讯，1989（6）：1.
② VAN FRASSEN B C. *The Scientific Image* [M]. Oxford：Clarendon press，1980：7.

论与反实在论当前现状的表述：见（3-1）①

3-1 实在论与反实在论

反实在论	实在论的反驳	实在论反驳的弱点
经验主义者的论证 经验上均等的理论依据证据难以区分；因此知识不能延伸到"不可观察物"。	在"可观察"和"不可观察"之间并没有明确的区分。 经验主义的论证忽略了评定理论经验均等时辅助性假说的作用。 无奇迹论：如果科学理论不是（近似地）为真，那么他们产生了如此精确的观察预测就只能是奇迹。	明确的区分可以用一种很好的激励方法做出。 在任何情况下，区分不需要非常明确。 当应用于"全部科学"时，经验主义论证会再次形成。 它并未涉及经验主义论证的关键的认识论主张：因为实际知识是建立在经验基础上的，因此它只能用于可观察现象。
建构主义者的论证 2.1 科学方法是独立于理论的，以至于它最终是一个建构的过程，而不是发现的过程。 2.2 如果包含的理论是有关独立于范式的世界，那么科学史上建构的"范式"就不再如通常那样是逻辑上可通约的。	2.1 理论中立而都有效的方法：对于任意两个竞争的理论，存在两个理论都认为是合理的方法的基础上的经验检验。 2.2 有可能给出理论术语指称的连续性，它允许范式的可通约性。	2.1 它并未处理认识论的主张，独立于理论的方法必然是一个建构的过程。 2.2 如果反实在论的论证（2.1）是合理的，那么这种指称的连续性本身就是一个建构的过程，或者最多是需要建构的指称的连续性，从而使独立于理论的实在，这一实在论的科学知识概念仍然未得到证明。

从上表可以看出，无论是经验主义还是建构主义以及其他的各种形式的反实在论，大多从认识论角度对实在论给出反驳，这样就否定了认识在科学理论中的作用，并使之成了一种工具主义，但是科学实在论却指出，除非我们接受科学理论所假设的实体、过程和关系等自然类事物中的因果机制的实在，否则科学理论的预测和解释的成功无法得到合理

① BOYD R. *The Current Status of the Realism Debate* [M] //Leptin J. *Scientific Realism*. Berkeley：University of California Press，1984：41-82.

的说明。为了应对实在论在自身中的弱点，内在实在论作为一种新的解决方案被提出。钱捷曾指出，"内在实在论的第一个基本特点就是，它并不认为存在着一个超越人类认识的可能性之外的实体。因此，它也不可能借助符合论的真理观来建立它的真理概念。它认为，如果说语词具有意义的话，那么，语词的意义并不在于它指称着什么超验的实体。相反，语词的意义是在语言系统内部构成的。"① 与埃利斯相似的是，普特南的后期也走向了内在实在论，前面提到的范·弗拉森的那本《科学的形象》一书，写到的第三位实在论哲学家就是普特南。鉴于 20 世纪 60 年代后，出现了无政府主义者费耶阿本德、利奥塔等提出的一些相对主义观点，使得科学哲学走入了死胡同。反实在论不承认真理的实在性，并慢慢地走入一种以个人的知觉或经验为标准的认识，在不同时间或空间中个人存在的文化传统或心理之间具有不可通约性，导致追求真理成为一种空洞的形式，这一点在休谟主义的彻底经验论中也已有所体现。因此要使哲学从这种沉陷的泥潭里走出来，导引入另外一条可行之路，是当代哲学家一直在努力进行的工作。埃利斯的内在实在论似乎是一种相对可行的选择。

埃利斯坚持内在实在论试图将科学的本体论与认识论相结合，在承认科学理论对世界图景真实描述的同时，又将真理的内在论看作是科学理论所禀赋的一种内在性质。这样就克服了形而上学实在论将它的真理建立在超验实体上，而无法得到证明的困难。这种在外在实体上的符合论的真理观将导致一种无穷的后退。真理 T 为了使理论符合客观实体，那么就必须依赖于另外一种真理 T_1，来保证理论 T 的真理性，可是理论 T_1 为了保证自身的真理性就需要理论 T_2 来得到证明，如此下去……就会导致理论的无穷后退。埃利斯在阐述自己的理论时也批判了这种真

---

① 钱捷. 皮尔士与内在实在论 [J]. 华南师范大学学报（社会科学版），1989（3）：
　　7—13.

理的符合论或者是外在论。

对于真理的内在论观点，在他的那篇长文《力》中表现得最为明显，他通过对牛顿所提出的力的概念的重新审视，强调力与客体中其他的物理性质和关系一样，具有实在性，不可以简单地采取奥卡姆剃刀的独断论倾向，将之从事物中去除。不仅如此，这种力的作用还更为重大，它作为事物因果机制的起始，是事物内在具有的，是它的本质，同时也能保证科学理论对事物原理解释的实在性。埃利斯在文章《力》里对牛顿的动力（motive force）概念进行了解读。他认为，我们一直以来对牛顿的第二定律的解释有明显的错误。

牛顿的第二定律表述如下：运动的改变正比于所施加的动力，方向与所施加的力的方向处于同一直线上

大多数学者都将牛顿的"动力"概念解读为 F 与变化的速率成正比，也就是现代数学上动力这一概念解读为：力正比于动量改变的速率，即假设质量是不变的，力正比于质量 m 和加速度 a 的乘积。

随着科学研究，这个概念开始用积分的形式来表示，即力正比于动量的变化率，即 d（mv）/dt，当然这个表达式与前一个 ma 的形式是等价的。但埃利斯仍认为这两个等价的数学表达式在概念上的两种不同表现，表明了力这一概念的解读方式可以不同，前者的力（motive force）的概念可以解释为冲力（impulse）的概念，这个概念表明了自然事物中原初动力的一种积累。如果按照前一种解读方式，我们很容易就会理解成一种附加的外力，这种力与事物本身所固有的那种力是不同的，附加的力，一种外在强加的力。事物本身所具有的力，则是一种潜力，这种力随着时间的逐渐积累，最后表现出一种可识别的显性变化，是事物自身所具有的独立的机制导致的最终的明显结果，并不是外在的一种强

加，或者说这种变化并不是一种外因的结果，而是一种内因。① 这种解读方式与莱布尼茨相似，最初创立微积分的莱布尼茨，也认为事物的持续变化源自它的原初动力的积累。

张志林在《指称实在论的评析》一文中指出，科学实在论从本体论层面来看，科学理论是一种关于不可观察实体的因果性描述，可观察现象的发生必然有其原因，而科学便是一种具有可证明性的知识，可提供对原因的说明，利用科学理论便能对现象做出有效的干预。② 比如，如果我们知道了气象原理就可以根据这种规律预测每天的天气变化，根据不同的气温，日常中的我们可以选择穿合适的衣服；农业科学家会对培育的农作物进行温度调控，不会由于对自然因素的不了解而导致培育实验的失败。科学能够提供一种有效的关于物理世界的知识，不可直接观察的理论实体是所得结论的必然前提，这种对不可观察实体的预设其实是对实在的一种承诺。

在科学实在论中最流行的观点，是以列普林（J. Leplin）为代表的科学描述主义论者，他们以"最佳解释推理"（best explanation inference）论证作为其坚持科学实在论的论证。列普林在其主编的《科学实在论》一书导言中谈到，任何一个实在论者都支持以下十条原则：

1. 最流行的科学理论至少近似为真。

2. 最流行的理论的中心术语是真正有指称的。

3. 科学理论的似真性是对其预见成功的充分解释。

4. 科学理论的似真性是对其预见成功的唯一可能的解释。

5. 一种科学理论即使在其指称不成功时也可以似真。

6. 至少成熟科学的历史表明越来越近似于对物理世界的真实描述。

---

① ELLIS B D. Newton's Concept of Motive Force [J]. *Journal of the History of Ideas*, 1962, 23 (2)：273—278.

② 张志林. 指称实在论评析 [J]. 哲学研究, 1997 (5)：48—53.

7. 科学理论的理论主张（观点）在字面上是可理解的，且这种理解明确地为真或为假。

8. 科学理论形成了真正的存在的主张（观点）。

9. 一个理论预言的成功是其中心术语指称成功的证据。

10. 科学的目的是在字面上为真的物理世界的描述，它的成功通过趋向达到这个目的的进步来推断。①

这一流派的主要观点是科学理论是一种对经验成功的合理解释，至于它能不能对本体提供可靠的认识则不予关心，认为那是一种属于信念的心理领域，相不相信现象背后存在一种实体与理论无关，是主观层面的东西，而科学理论只是关于实体、过程与法则的解释，试图合理地描述我们的经验世界，并不必对本体论做出任何的承诺。描述主义者认为所有的科学知识是我们从经验中总结而来，并没有必然性，它是对经验信息的一种系统化与形式化。埃利斯吸收了这一派的一些核心观点，认为科学实在论在本体论层面，是在科学领域中给出的一种最好的对现象世界的合理解释，即"如果世界的行为正像科学所假设的那些实体存在的话，那么，对这个事实的最好解释就是这些实体的确是实际存在的"②。同时埃利斯指出在朝向科学目的（前面的第6、10点）追求中，科学理论对这个存在着的世界中所发生的事情进行的并不是描述，而是对其做出的解释，因此在评价理论的标准时，一个很重要的原则就是理论的解释力。

埃利斯还反观了当今的语义学真理观，指出我们所需要的真理观需要对真理的价值进行解释，因为"一个科学实在论者实际上是一个内在实在论者，因为这种可接受性真理理论和一种真正的本体实在论者相

① LAPIN J. *Scientific Realism* [M]. Berkeley：University of California Press，1984：1-2.
② 金吾伦. 埃利斯的内在实在论 [J]. 自然辩证法通讯，1989（6）：1—8.

调和，它是一种实用性理论，认识论上它被认为是正确的"①。这种实用性的态度使得埃利斯在对真理的语句表述中并不要求语句中的每一个名称都要接受或者满足指称，这一点也很好地支持了前面十条原则中的第5、6两点。正如列普林所说，并不是所有语言中的语句都能正确地表达我们信以为真的事物，并以完全一致的方式与现实相对应，仅需近似为真。

埃利斯也乐意人们将他的内在实在论看成是一种客观自然论，在科学的认识中不仅仅通过猜想提出假说，还借助于科学共同体为达成共识相互协商，因此是类似于客观自然的道德观的交互主体性的运作过程。在涉及真理的评价论上，埃利斯指出，科学理论需要"描述基本的过程和世界的一般特征，一些事实作为例示被解释"②，而对外在世界的解释则要求一种最佳解释推理给予支持。

按照埃利斯的内在实在论观点，真理的承担者的角色是由形式语言中的语句代表可能信念的范围，并提供一种与科学实在论相容的真理语义论。这也就意味着语言的指称由理论系统的内部来规定，但是这会带来一个新问题，这种命题系统的内在为真性如何得到论证呢？对于这一问题，同样持内在实在观的普特南提出了一个"收敛"概念，真的理论"不仅是纲领性的，而且它自身依赖于人类本性、社会、宇宙的假定（包括神学的和形而上学的假定）。随着我们知识的增长和世界观的变化，我们必须（照此）一次又一次地不断修正我们关于好的理论"。而这个进程不是任意的和发散的，事实上，它趋向"一个极限……，即一个理想真理的极限……""真理被认为是稳定的，或'收敛

---

① ELLIS B. International Realism [J]. *Synthese*, 1988, 76 (3)：409-434.

② ELLIS B. International Realism [J]. *Synthese*, 1988, 76 (3)：409-434.

的'"①，以此我们在知识的进步中不断逼近对真理的认识。

二、倾向实在论

倾向性这一特征，它常常出现在我们的日常表达中，如玻璃是易碎的，盐是易溶的等，但是过去人们并不怎么重视它，认为它只是表达了一种虚拟的关系，并且是偶然的。如果把盐放在水中，那么它就会溶解。关于倾向性的分析，可以回溯到奎因，"直觉上来说，作为一种易溶的事物，即使它并没有被放入水中，因为它属于这一类的事物，所以它将会溶解"②。该分析基于这样的事实，许多的倾向性表达是一种自然类的倾向，而不是个别的物体。根据奎因的理解，x 有某种倾向性，当且仅当 x 是属于一类 K 且 K 有表征 M（在条件 C 下）。

埃利斯给出的分析是，"如果一个事物 x 有一个决定性的倾向性特征 P，并且 x 在任何环境 C 下，或者是它的激发系列 C，那么它都会有 P，内在的它倾向于以 E 的形式来表征。所以，根据我们的观点，这种倾向性被表征是由于该事物有这种倾向性特征，并且在这种适当的环境下易于呈现"③。

当我们说，铁在潮湿的空气中，极易被氧化，形成铁锈。对于这种倾向性特征的描述，儒吉（Rooij）和斯库茨（Schulz）给出了这样的归纳："用自然类来作为一般的条件约束，可以表达为：

当 x 倾向于 m 当在条件 C 时，当且仅当 x 具有一种内在结构，它在有 M 这种特征，当处于 C 时。

---

① 钱捷. 皮尔士与内在实在论［J］. 华南师范大学学报（社会科学版），1989（3）：7—13.

② QUINE W V O. *Natural Kinds*［M］//Rescher N. Essays in honor of Carl G. Hempel. Dordrecht：D. Reidel，1970：16.

③ ELLIS B. *Scientific Essentialism*［M］. Cambridge：Cambridge University Press，2001：112.

x 具有一种内在特征，而具有内在特征成员都属于某一自然类。

用自然类的方式来表达即为：

当 x 倾向于 M 当在条件 C 时，当且仅当 x 是自然类 K 中的一员且 x 有 M 当 C 时，而 x 属于类 K。"①

很多常见的谓词都有一个倾向性的意义，比如易溶性、易碎性等。一个客体的倾向性也很容易被一些日常的观察所证实，比如一种易溶于水的盐，我们一般也不会将之真正放在水里。不过倾向性之所以受到哲学家的青睐，源于这种倾向性术语分析，可以给出一般事物的普遍性特征以及行为的经常性，实质上表明了一种条件分析。比如"盐易溶于水"，可以被分析为激发与表征条件。当盐遇到水这种激发环境，就会表现出溶解的表征。

马丁、约翰森提出了反驳，认为一种物体可能并没有这种倾向性，但是它的条件分析却仍成立。比如一条深海中的鱼，它看起来并不是是红色的，但是当光照向它时，它就会看起来是红色的。对于这种伪装的事例，这种倾向性的描述就不适用。② 为了修正这一点，刘易斯（Lewis）排除了那种因为客体的内在结构发生变化才导致表征的变化情形，他使用了内在特征这一概念，当 x 倾向于 M，当 C 即 x 具有内在特征 B，如果 x 在一个充足时间里一直保持特征 B，那么它就有表征 M。③

无论刘易斯如何处理反事实事例，约翰森都认为这种条件分析并不可行，因为不仅有内在条件的不断变化，也还有外在条件的不断变化。比如尽管这种药物具有安眠作用，但是如果我们事先吃了清醒剂，那么

---

① VAN ROOIJ R, SCHULZ K. Natural kinds and dispositions: a causal analysis [J]. *Synthese*, 2021, 198 (S12): S3063.

② VAN ROOIJ R, SCHULZ K. Natural kinds and dispositions: a causal analysis [J]. *Synthese*, 2021, 198 (S12): S3061.

③ LEWIS D. Finkish Dispositions [J]. *The Philosophical Quarterly*, 1997, 47 (187): 143-158.

它的安眠效果也不会发挥出来。或者是如果一个花瓶是易碎的，我们事先将花瓶放在抗压盒里，那么它就不会轻易碎掉。在自然环境中，一些生物的倾向性特征有可能会因为外在环境的改变，而表现为一些拟态现象，比如变色龙等。

对于倾向性的因果分析的一个策略是概率因果描述，曼利与瓦瑟曼改变了倾向性陈述的条件分析，变成一种概率性描述：在 C 时 x 倾向于 M，当且仅当 x 在 C 时大多数事例中将会发生 M。儒吉和斯库茨进一步给出了一种因果解释："一个最自然的解释是一种因果：这种概率依赖于基础的客观类，它有因果力、能力及倾向。"① 但是，许多哲学家仍然认为在这些概率或者频率的基础上还潜存着一些对现实的依赖。

无论是倾向性的反事实分析，抑或概率因果分析，都意在将倾向性进行还原，并不认为它具有实在性，但是大部分的倾向主义者在论述倾向性时，都持有一种实在论立场，认为基础物理特征（质量、电荷）是存在的，这些特征在本体论上是存在的，根据现代物理学的研究，它们确实存在。对于这些特征的解释却并不相同，像阿姆斯特朗、刘易斯将特征看作是范畴的，它们在其质上独立于它们实际上所发挥的因果角色，而埃利斯、波德、玛姆弗德等则将特征看作是倾向的，这些特征本身就是不可还原的模型承载者。"它们本质上是倾向的，电荷和质量，准确来说，就是它们的实际的因果角色。它们包含在其因果效应中；所以它们是力由于形而上学必然性而形成的特定影响。"②

范畴主义论者认为，如果存在着可能世界，那么它在那里可能没有这种倾向，在这个现实世界里表现出易溶性，在另一些世界里可能没有

① VAN ROOIJ R, SCHULZ K. Natural kinds and dispositions: a causal analysis [J]. *Synthese*, 2021, 198 (S12): S3074.

② FRIEBE C, Categoricalism Versus Dispositionalism: A Case Study in Metametaphysics [J]. *Journal for General Philosophy of Science*, 2014, 45 (1): 9.

这种倾向。一个事物的内在同一性并不依赖于它的倾向性，它依赖的仅仅是那些真正的特征，而那些特征并不是倾向性的。一个事物的倾向性并不是特征，所有的倾向性都依赖于自然律。但是埃利斯却批判这种观点，许多基本特征明显是发生的或者倾向的，比如那些基本特征比如质量、电荷、自旋等，它们是倾向性特征。"如果这种特征有范畴基础，那么它们对我们也未知。另外，在现代物理学中并没有显示有这种更为基础的存在物。事实上，这些事物是否有范畴特征是可疑的。"① 范畴论者将倾向性归源于自然律，认为自然律描述了事物的行为规范，因此它们是事物的范畴特征，但是倾向论者更愿意将自然律归于倾向性，或者是一种倾向性的表征。"自然律所描述的是，事物内在上倾向于如何表征。倾向性概念都以自然律的形式表征出来，所以普赖尔想进一步将倾向性特征进行本体论还原的那种自然律并不存在，并没有规范性行为，它们由事物来进行具体化。"②

埃利斯实际上是一位倾向实在论者，"倾向性确实需要实在的基础，至少那些真正的特征是基于它们。另外这个事物有这种倾向性，确实是基于它们的内在结构和构成，在这些事例中，我们认为那些倾向性就是基于它们的内在结构及构成。然而，很明显，任何倾向性最终都是非倾同性的或者是范畴的。一个物体的倾向性依赖于它所有的因果力及其内在的物质构成。"③ 杰克维提（Chakravartty）也指出，科学实在论提供了一种积极的认识论，它是对于我们科学中的最佳解释理论和模型内容的说明形式，也是一种对于科学所描述的有关世界的可观察实体及

① ELLIS B. *Scientific Essentialism* ［M］. Cambridge：Cambridge University Press，2001：112.
② ELLIS B. *Scientific Essentialism* ［M］. Cambridge：Cambridge University Press，2001：112.
③ ELLIS B. *Scientific Essentialism* ［M］. Cambridge：Cambridge University Press，2001：111.

不可观察实体的信念，科学理论确实正确地描述了一个独立心灵的世界的可观察及不可观察的面向。

杰克维提将倾向实在论看成一种解释的和联合的理论，有时他会称之为是半实在论或者是选择性实在论，因为他将实体实在论与结构实在论进行了理论的嫁接和经济的联姻，可以解决当前科学实践中同样的现象因模型的使用不同而导致的不同理解问题。这种实在论确实有它的优点：首先，它允许实体实在论和结构实在论两种理论的联合，从而吸取各种观点中有利的一面，结合后形成一种更具解释力的观点；其次，它提供了一种形而上学的开放图景，对于因果、自然类和自然律有一种更一致的理解；最后，它反击了怀疑论，比如相同的现象由于模型不同可能会有不同的描述。①

第二节　自然必然性

埃利斯的另一个重要贡献是，引入了自然必然性来分析真理问题。他指出科学本质主义是一个关于自然必然性和自然律的理论，它主要是关于这个世界的自然必然性，并发现因果之间的必然关系也就是自然律。埃利斯表示不仅仅是要论证这个理论，还要在对休谟观点批判的基础上做出发展，他进一步从本体论、认识论和逻辑上来讨论这一理论。埃利斯引入自然必然性（natural necessity）概念，国内对这一概念的翻译，有的将之直译为"自然必然性"，有的也将之译成"本质必然性"，在书中按照比较常用的前一译法，即自然必然性。

必然性并不仅仅是形式上的，它们也依赖于非逻辑语言的意义，或

---

① SPEHRS A. Dispositional Realism, Conflicting Models and Contrastive Explanation [EB/OL]. Journal for General Philosophy of Science（Volume OnlineFirst），2021-02-05.

者说是物体的本质及其指称。粗略来说，分析的命题根据语词的意义，也就是它们依赖于传统的已经建立的标准，并包含已经从语言上被定义的组合。形而上学必然的命题，是由事物的本质来决定的。例如，它们正确地表示，这个事物所属的类的本质使得它们如此。分析的命题则仅仅是基于我们的传统语言系统。一个类的形而上学必然的命题，是正确的，是因为我们将世界划分为自然类（在范畴上互相区分开来的自然类，这些类都有它们的内在特征和结构）。

为了判断一个关于对象的组合的自然类是分析必然的还是形而上学必然的，埃利斯提出了一种分析技术，首先将它从描述语言中抽离出来，这些描述性的语言常常用来指称这个组合，取而代之用一般的名字来表示"类指物"的表述，例如物质的这一类，事物的这一类，如果必然性可以复活这个过程，那么我们知道它不可能是基于我们所用的描述语言。比如，"盐是氯化钠"，可以用"物质这一类是氯化钠"进行替代性分析，当指着一袋食盐，这一转换语句并不比前一陈述更少必然性，这样的运作可以使我们免于误将明矾等同于不是盐的其他的自然类事物，比如认为"明矾是氯化钠"。通过用类事物的名词来做的替代，我们开始不囿于具体事物，从类的一般角度对我们做的判断进行评定，理解一个自然类的事物普遍具有某种性质，比理解一个具体的个别事物具有此性质更简单，因为具体的事物由于所处环境及其自身的条件的影响，可能不容易将其本质的性质发挥出来。比如一个人生病的时候，就容易受情感的影响，而不能将理性的本质表现出来。当我们选取一个类的事物来进行检验时，就会避免很多不自然的特征发生，我们都知道一些非本质特征在认识上会遮蔽对本质特征的识别。

当然在现实世界的运作中，我们仍旧允许一些可能事件的发生，它同时也具有自然实在性。因此这就需要我们一方面立足于逻辑形式来定义可能性与必然性，另一方面在实在论的观点下谈论必然性与可能性。

那什么是自然必然性呢？传统的休谟主义者并不认为事物之中存在着必然性，所以如果我们承认必然性的存在，那也只是我们恒常思考这些事物的模式，这些休谟主义者并不认为存在形而上学必然性或者内禀的必然性，而是认为我们谈论事物的方式，即语言的使用传统存在一种惯性。埃利斯并不赞同，他指出文化传统本身决定我们的理论结构，比如以前的地球中心说发展为太阳中心说，或是从传统的牛顿定律到爱因斯坦的广义相对论。因此自然必然性容许人们在发现了新的事实后改善以前的理论，从而提出新的更好的理论，给出世界新的图景。对于自然必然性的概念，同时另一位哲学家弗瑞萨给出了一种更为准确的说明，无论怎样论述自然必然性，它都是世界的一个客观特征。"（1）在已有的时间里，正确地通过自然形式形成了那一时刻具有决定性自然倾向性的顶点；（2）这样的倾向性自身是基于自然客体的本质或本性的，具有本质上所禀有的无论是积极的或消极的因果倾向性，应将形而上学必然性与逻辑必然性区分开来，一个命题是逻辑必然性的，表明它是先天可知的，它可以通过逻辑语句进行表达，形成逻辑真理，而它的否定则是自相矛盾的，有的命题是形而上学必然的，但并不一定是逻辑必然的。"

举下面的例子来说明，当我们在11点把一壶水放在火炉上，10分钟后也就是在11：10，水就会沸腾，在这个过程之中，如果有人在11：02将这壶水从火炉上拿下来，则不会按照物理定律所预言的发生沸腾。那么由物理定律断言的"水在一定温度下发生沸腾"，从水的本质而有自然的结果，因而是一种自然必然性，"水在T时沸腾"是不可避免的，一旦主动地将它引入因果机制中，那么它们就会进入运动后的系列中，不受阻碍地朝向既定的目的前进。"自然必然性是正确的，也就是自发地被引起的，一旦这种相关的决定性原因被引进运动中，就会自动地运行下去。"① "现在，足以证明，它是自然的，尽管是争议的回复，它是基于本质的，正如术语'自然必然性'，是基于这些原因的本原，就是按照这种方式运行，并在不受干扰的情形下产生那样的结果。"②因此对遵循自然必然性的自然类事物而言，它们在如此这般的环境中产生如此这样的结果，是从它们所是的那种事物的流溢而出的，所以它们是这种原因。它们如是而是，并非其他，它们的行为源于它们的所是。当然在现实世界中由于人类理智的参与，这使得人们对自然界原因的猜想中，加进了心理习惯，总是期待之后事件的发生类似于所经历过的事件，致使很多观察到的现象受到了头脑的污染，因此日常经验的事件会有一些人类的主观解释渗入对必然性的理解中，使得这种必然性不再是自然的、客观的。

在对自然必然性进行解释时，一种主观解释会伴随着那种借由本质才会发生的结果的理解。但是即便如此，关于自然必然性的解释，弗瑞萨（Freddoso）认为，"我们仍然承认，一个好的科学理论在建构自然必然性时，应该允许至少是认识的可能性，它们是真正的未决定性。""我承认我的解释确实存在一些自然或自由（比如人类的一些操作），仍然正如下面所说，我的理论部分意在调和因果未决定论的可能真理，并不会排除普遍的因果决定论的可能真理。即使存在一些真正的未决定性，仍然有一些影响是由未决定的原因导致的结果，并且不属于自然必然性，另外，即使由自然必然性所导致的事件在某种意义上是偶然的，那么可能有一些未决定性的原因出现在它们的因果系列中。"正如前面当我们将这壶水放在火炉上，到这壶水会沸腾之间的时间系列中仍然有

---

① FREDDOSO A J. The Necessity of Nature［EB/OL］.［2023-6-20］. https：//www3. nd. edu/~afreddos/papers/necnat. htm.

② FREDDOSO A J. The Necessity of Nature［EB/OL］.［2023-6-20］. https：//www3. nd. edu/~afreddos/papers/necnat. htm.

很多可能发生，比如在 T+t 时，我们可以把水壶从火炉上取下，然而清楚的是，通过自然必然性，这壶水将在 T′时沸腾，当然这壶水由我们放在火炉上的那一刻开始，由于自然必然性，它将会在 T′时沸腾。一旦我们在其中起到一种操作性角色，那么就会使得这个因果系列中断，从而产生不必然性。

我们在这里用逻辑命题的形式来表示：

（a）p 不是形而上学必然的。

（b）p 在 w 世界中，在 t 时刻，不是偶然必然的。

（c）p 在每一个可能世界 w，在 t 时刻，是正确的，（i）w′世界与 w 世界在 t 时分享了相同的历史；（ii）没有其他的代理者在 t 时或 t 后在 w′世界，p 在 t′时刻是错误的。

（d）在至少一个可能世界 w′中，例如（i）w′世界与 w 世界在 t 时分享了相同的历史并且（ii）p 在 w′世界在 t′时是正确的，如果在 t 时，p 始终是正确的，并不会被 t 时或 t 后在 w′世界一个自由的非全能的代理者或者是全能的代理者致使其改变。①

通过条件（c）弗瑞萨意在表明，一个具有决定作用的自然倾向性可能会被阻止，以致不能产生相应的真理；条件（d）表明，这个世界会发生两种情形，一是，如果这个世界有一个朝向终极目的的自然倾向性，那么这一终极目的必然不是由自由因导致的；另外，这一终极目的也不是由一个超验如上帝般的存在引起的。

通过上面的定义，我们试图得到一个在想象的诸多可能世界中发现现实世界的理论原则，这就解决了休谟的因果决定论。它不仅仅是作为一种理想性规则，"所有的金属都能导电"蕴涵，"如果一个物体是金属的，那么它就能导电"，它也是一种一般性概括，是一个类律命题，

---

① FREDDOSO A J. The Necessity of Nature［EB/OL］. ［2023-6-20］. https://www3. nd. edu/~afreddos/papers/necnat. htm.

支持反事实条件句，但是我们所谓的全称偶然概括并不能。最早对反事实条件句进行研究的是古德曼，他指出，定律支持反事实条件句，但是偶然归纳不能。一个定律支持反事实条件句，具有如下特征，"如果 A 发生，那么 B 也会发生"，这里不论 A 在事实上是否会发生。反事实条件句如"如果把盐放入水中，它就会溶解"，可以形式化为，Fx 推出 Gx，这种推出关系具有必然性，即必然地，Fx 推出 Gx，但并没有表明"所有在这个碗里的盐都能溶于水"因为要使盐发挥易溶于水的特性，还存在着一些必要的条件。在自然必然性中起决定作用的实质是一种因果倾向性，它既是积极的，又是消极的，这两者是自然实体同时具有的，并作为部分形成它们的本质。佛瑞萨认为，我们认为世界 T 时具有一个决定性的自然倾向性，朝向一个必然的前提 P，在 T 时，当它发生，或者 T 后，只要它不被干扰，那么就自发地存在一种倾向性，也就是说，在一个理想的世界中，自然的倾向性必然地朝向它的前提 P 发生，而无论时间如何流逝。当然这不属于奇迹性的力量，像哈瑞（Harre）和梅恩举过一个例子，在宗教中，三个走过燃着的柴火人，从中复活，这在自然界中是不可能的，我们知道他们三个人是不可能从中安然无恙地走出来的，这种是属于想象的可能性并是真正的可能性，正如埃利斯指出的，想象性对于检验可能性来说，并不是合理的测验。我们应该允许这些与认知相关的可能世界，因此自然倾向性的关注是基于现实世界的描述，并不是从想象世界而来的。

第三节　可能世界

关于可能世界的研究，首先"可能世界"的概念是由莱布尼茨（G. W. Leibniz）最先提出的，他指出："世界是可能的事物组合，现实世界就是由所有存在的可能事物形成的组合（一个最丰富的组合）。可能事物有不同的组合，有的组合比别的组合更加完美。因此，有许多的可能世界，每一个由可能事物形成的组合就是一个可能世界。"莱布尼茨根据可能世界来解释必然性和可能世界之间的关系：

一个命题 p 是必然的，当且仅当 p 在所有的可能世界中都是真的；

一个命题 p 是可能的，当且仅当 p 在有的可能世界中是真的。

"可能世界有无穷多个，现实世界也是一种可能世界，即实现了的那个最完美的世界。"① 可能世界是基于现实世界，现实世界是发散的可能的世界的一个极限，它本身是收敛的，最后在现实中实现自身。正如埃利斯认为，实在的可能性和必然性是后验的，通过对这些后验的自然规律的分析，可以理解事物的本质特征和它们的倾向性行为。埃利斯本人对可能世界的理论的分析并不完善。本书通过引入克里普克和刘易斯两人对可能世界的理论，为埃利斯在这方面的研究做出补充，并借助反事实条件句的定义来为后文自然律的解释做好理论上的铺垫。

克里普克对可能世界的观点与刘易斯对可能世界的观点不太相同，对克里普克来说，"'可能世界'完全是'世界可能会采取的各种方式'，或整个世界的状态或历史。"② 比如投掷一枚骰子，那么这枚骰子有六种可能性，每一种可能性就是一个可能世界，如果有多枚骰子，那么它们的不同组合更多，也就意味着存在着更多的可能世界，但是这些可能世界并不是真实存在的，这枚被投掷出的骰子只会有一个现实状态，与其他的可能状态不同，它是实现了的可能世界，与其他的世界并不平权，具有唯一实在性。克里普克的可能世界还具有不完全性这种特点，他所谈论的可能世界主要是对世界中所存在的个体来说的，而且这

---

① 冯棉. "可能世界"概念的基本涵义 [J]. 华东师范大学学报（哲学社会科学版），1995（6）：31.

② 克里普克. 命名与必然性 [M]. 梅文，译. 上海：上海译文出版社，2005：19.

些个体具有跨界性，比如在一个可能世界尼克松是美国总统，在另外一个可能世界尼克松是一个朴实的木匠，但是尼克松本人确实是存在的，可以跨越不同的可能世界存在。

刘易斯与克里普克的出发点不同，他从可能世界的实在性出发来探讨，而不是从个体的具体现实性出发，刘易斯认为可能世界具有实在性，不仅仅是想象中的可能性，他曾明确指出，"我相信存在着不同于我们碰巧所居住的这个世界的其他一些可能世界。倘若需要对此做出论证的话，可以这样来展开。事物可能具有不同于它们的实际状况的另外一种样子，这句话的正确性是不容置疑的。我相信，并且诸位也相信，事物可能具有无数种不同的存在方式。这句话是什么意思呢？我们可以运用日常语言做这样一种解释：事物除了目前的存在方式之外，可能还会有多种其他的存在方式。表面看来，这是一种存在的量化。它指的是，存在着许多具有各种不同描述的实体，即'事物可能会具有的诸多存在方式'。我相信，事物可能会具有无数的不同的存在方式。我相信，对于我所相信的东西的含义所作出的一些可能的解释。根据其表面价值接受了这样一种解释以后，我便因此相信存在着一些也许会被称为'事物可能会具有的诸多存在方式'的实体。我倒是更愿意把这样一些实体称为'可能世界'。"① 由这段话可以明确看出，刘易斯更愿意从本体实在论角度来看可能世界，也就是在一个决定论世界的预设中，反事实条件句 F 必然推出 G，在世界 W 中为真，当且仅当在某些世界与 W 具有可及关系，且 F 在其中为真的可能世界中，G 也为真。那么刘易斯又是如何确定这些与反事实条件的真值相关的可能世界的呢？刘易斯用"可能世界的相似性"来定义那些与现实世界相近的可能世界，即"当 F□→G（在某个世界 W）中为真，当且仅当或者（1）没有任何 F 为

---

① LEWIS D. *On The Plurality of Worlds*［M］. Oxford：Basil Blackwell, 1987：2.

真的可能世界；或者（2）那些 G 在其中成立的 F-世界比 G 其中不成立的 F-世界更接近 W".① 比如反事实条件句"如果不将水壶放在火炉上加热，那么它就不沸腾"为真，也就是说如果存在"水壶不在火炉上"的可能世界，那么它就与"水不会沸腾"的可能世界相比，与现实世界更接近，而那些"水壶不在火炉上且水会沸腾"的可能世界距离现实相对的较远。如此继续推理下去，现实世界本身就是那个离它最近的可能世界。

对刘易斯来说，他以可能世界为出发点，来回溯唯一被实现了的现实世界，而克里普克则从现实世界出发，来推论可能世界的各种存在状态或不同历史。通过两种观点的比较，刘易斯的可能世界的观点更接近埃利斯对自然类事物中个体的解释。因为一个自然类中存在诸多的个体，这些个体在表现这一自然类的特征时，并不总是完全地表现出来，存在着诸多的可能性，而这些可能世界同样具有实在性，因为它们都是这一自然类的成员所有的可能状态。对于那些仅仅属于想象的可能性，实际是幻象，并不具有实在性，埃利斯表示不赞同普特南对"孪生地球"的想象，那些被认为像"水"的"XYZ"物质，它们只是像水一般表现这种种性质，它在孪生星球上的作用如地球上的人使用"水"一般，虽然它们可能有着不同的名称，但是仍实际被用作"水"。埃利斯认为，如果这种物质有着不同的组成成分，那么它就不可能是水，也不会表现出与水一样的化学规律。一个物体的表现依赖于它是哪类物质，另外对于将 XYZ 不看作是水，而看作是"淼"，那只是认识上的可能性，是我们错将 XYZ 看作是淼，它实质上并不是。因此想象的可能性并不是物理可能性的充分条件，埃利斯将物理可能性等同于实在可能性。

---

① LEWIS D. Causation [J]. *Journal of Philosophy*, 1973, 70 (17): 556-567.

作为一个科学本质主义者的埃利斯提出了科学世界与可能世界相关的一个研究纲领就是，"科学的一个主要目的就是定义可能性的限制。也就是说，科学家所寻找的无论能不能发生，都依赖于所运行其中的环境，并且某些事物被发现是可能的，它决定了发生的可能性。"可能性和必然性是相互联系的，埃利斯将之从逻辑形式上来加以定义，实在的必然性不同于形式的逻辑必然性及分析的必然性，从语义学方面来说，它们都是正确的。实在的必然性是逻辑必然性的一个物种，像很多的其他必然性真理，它们在所有可能世界中都是正确的，而可能性则意味着，一些事物是可能的，当且仅当它在一些可能世界是正确的。

那么如何从这些可能世界中区分出那些具有必然性的现实世界呢？埃利斯给出了如下的答案："必然性及其可能性依赖于所指称客体的本质事实，它可以将一些模型从其他的具体模型中区分开来，这些事实却不能通过对语言的反省来得到，那些语言是我们为了描述世界而使用的。我们所使用的判断如果是可能，也依赖于所指称那一类客体事物及其那一类事物的本质。所以我们判断关心的是什么是必然，什么是可能，这些依赖于我们的理论所指称的事物的本性及其内在本质。如果关于这些事物的理论是必然的，那么它是后验的，我们对它所做的判断是必然的或者可能的也是后验的。"①

第四节 本质主义范式

休谟主义在现代哲学中影响深远，在这些休谟式的理论中，一般将自然律看作是一种具有形而上学必然性的规则，形成自然律的目的就是

① ELLIS B. *Scientific Essentialism* ［M］. Cambridge：Cambridge University Press，2001：237.

为了形成对知识的组织与架构。严格来说，根据这种理论，自然律既不真也不假，它们只是一种有效的形式，它们对于我们的目的来说，是迄今为止最好的理论。但科学本质主义要描述是一种具有实在必然性的自然律的理论，它涉及原因与结果之间关系及自然律的实在必然性表达。如果这个观点是对的，那么它表明自然律就是内在于世界的，它既不是由一个创造者强加的，也不是偶然存在的。[①] 因此当这些自然律符合对这个世界的真实描述时，我们将这些自然律看作是正确的，反之则是错误的。

　　休谟对实在的描述是，这些事实是一种逻辑关系，它们不能被看作是不同状态之间的必然联结，而是一些共相之间的联结，这些共相形成一种规则关系，使得相关联的事件形成一种前后相继的因果推理关系。埃利斯批判这种基于预设的共相关系，不能从本体论的角度来阐述发生事件的必然性关系，事物发生的任何过程上的必然性关系，都应该从其内在去寻找其中的因果关联，而不是将我们心灵中所有的，或者是一种外在的关系附加于其上。从实在性概念来分析，很难不把自然律看作是事物的本质，它们就是存在的全部事实。因此真正的关于世界的描述，并不是指称一种模型化的特征或者因果力，而是事物内在所本有的一种特征或者因果力，正是这种本质的、非模型化的存在才成为关于这个世界的事实描述。埃利斯指出这样的观点，实质是将自然看成是一种独立封闭的系统，成为了一种自我持存的世界，与人类无关。"自然内在是独立的这样的信念到现在仍存在，但是自然律给出了一般事实，即这个世界是如何作用的，它在我们的理论背景下是如何以特定的方式来表征的。例如它鼓励我们将世界看成一个完全自我持存的世界，它包含一些逻辑上独立的事实。或多或少，如罗素所说，虽然它们在特定的一个时

---

① ELLIS B. *Scientific Essentialism* [M]. Cambridge：Cambridge University Press，2001：261.

间与地点，但是我们相信它们独立于那个特定的时间与地点。"①

按照埃利斯的观点，一个范式要满足两点要求，首先是外延要求，它是一个类分析的限制性条件，"为了解释是什么使得一个前提正确，我们必然会以一种外延性的语言来表达这一前提——也就是说，一个语言中的术语指称一个特定领域中的事物，它的谓词也会指称这个领域中的集合"②。其次是实在论要求，这一点主要是从语义学上来要求一种语言中的术语，必须要反映这个世界真正存在的事物。一个范式的真正目的是为了解释真正的实在，它提供了现实的可接受的条件，在真理的实现者和使之为真的前提之间建立起必要的联系。"为了解决它（本体论难题），我们需要开始建构一种基于本体论的分析范式，它包含自然类的实体、过程和各种的倾向特征，那么自然模型就可以由所指称的现实世界的事物来解释。这个范式不应该试图将事物还原到个体事物或者个体的集合。"③

尼茨（Nimtz）曾指出，"哲学家的目的是建立自然类本质主义，像水、金、星星或虎遵从于本质原理，或者本质主义直觉。这么做似乎是不可避免的。本质主义涉及一种模型的必要性。对于一类来说要是真的，像虎和水，除非它们的成员分享了一些典型特征，而这些特征是形而上学必要的，比如对于水来说，它是水。"④ 对于一个自然类来说，比如"是水"这是一种范型术语，一个范型术语的典型特征是由现实

---

① ELLIS B. *Scientific Essentialism* ［M］. Cambridge：Cambridge University Press，2001：268.

② ELLIS B. *Scientific Essentialism* ［M］. Cambridge：Cambridge University Press，2001：269.

③ ELLIS B. *Scientific Essentialism* ［M］. Cambridge：Cambridge University Press，2001：272.

④ NIMTZ C. How Science and Semantics Settle the Issue of Natural Kind Essentialism ［J］. *Erkenntnis*，2021，86（1）：149.

世界中的样本来决定的。"考虑到我们假定了科学实在论，我们发现科学将后验的理论确证看作是解释性假说，它可以解释为什么类的范型事例表征了一些典型假说。这也确保这些范畴性假说像金或者虎是正确的。最后我想论证虎自然类可谓词化范型术语，这些理论确证与解释性假说同样是正确的，它们都具有后验必然性。根据模型的辩护，这种必然性得以建立，类如金、星、水或者虎。"① 对于这种自然类范型的建立，豪凯亚也赞同，他认为这种范型术语，并不是因为语言传统而建立的，也不是科学所特意设计的，如埃利斯所说，它更倾向于是一种内在特征，它的前提也是一种内涵性条件，无论它们是否分享着各种物理的及功能的特征，它们都依赖于所涉及的关系。

埃利斯将世界看作是一个类，如果任何一个世界都有着与我们这个世界相同的类，那么它们必然以与我们世界相同的方式运行。这一点在桑奇和考利斯那里，也给出了相同的论证，即这个世界有一个基本的类结构，这一点给出了自然的齐一性以实质性的解释。有 F 是 G，这一推论可以自我确证，因为我们所观察的 F 属于一个自然类 K，它有特征 G，而这一特征恰是 F 的本质特征。如果将它作为一种归纳理性，我们可以在一定程度上消解归纳难题，这也是埃利斯所建议的。

从自然必然性与可能性开始，埃利斯进一步发展了一种条件性分析。"为了评估一个条件，根据这个理论，我们不仅应该考虑将要发生什么，或者可能发生什么，在一个具有与我们同类的世界中，当在先的条件满足时，那些事物最大可能地以它事实上的方式发生。"② 比如"当 F 发生时，G 也会发生"是正确的，当且仅当在任何一个与有着与

① NIMTZ C. How Science and Semantics Settle the Issue of Natural Kind Essentialism [J]. *Erkenntnis*, 2021, 86 (1)：150.
② ELLIS B. *Scientific Essentialism* [M]. Cambridge：Cambridge University Press, 2001：278.

我们同类事物的世界里，在那里 F 是正确的，当在先的条件也相同时，那么 G 必然是正确的。可见真理的条件并不依赖于其他世界，仅仅是它们可能那样发生。

从类的分析，埃利斯给出一种关于可能性的理解，"根据可能世界实在论者的观点，现实世界只是无限可能世界中的一个——也就是说，我们偶然居于其上。……一个可能世界是实在的，但并不是现实的，如果它不是我们所居于基上的。"① 对于埃利斯来说，他过于强调了必然性，以致没有为可能性留出空间。"作为一个本体论者，我同意贝格娄的观点，我们对真正的可能性的判断是相当不可信的。所以我不能确信所想象的使得一个反事实条件为真的情形是一种真正的可能性。然而我确信如果它为真，当这个世界与我们的世界是同一类时，那么这个结果也将会是正确的。……所以，反事实条件从实质上来说是空的真。"②

正如尼勒论证，"在任何地方或任何时间，没有什么是 F"，它是一个自然律，但是这使得，"某物是 F"与自然律不一致。因为它并不是一种可能。当我们说，"没有什么地方存在着一条天河"，它并没有表达"天河存在"这样一种可能性，而是否认了可能性的存在，"只有当它确实在某时正确，存在着一条天河才是可能的"。③ 因此埃利斯与莫纳类似，他们赞同的实在形而上学的观点有如下的特征：（1）这个世界存在所有的事物；（2）存在的每一事物都是积极的；（3）有一些关

---

① ELLIS B. *Scientific Essentialism* [M]. Cambridge：Cambridge University Press，2001：279.

② ELLIS B. *Scientific Essentialism* [M]. Cambridge：Cambridge University Press，2001：279.

③ MOLNAR G. *Powers：A Study in Metaphysics* [M]. Oxford：University Press，2003：5-6.

于世界的论述是消极的；（4）存在的某物使关于世界的真陈述为真。①
尽管这种实在论观点过于强了，但是它却可以为本质主义的推理提供一
种合理性的前提。

---

① MOLNAR G. *Powers*：*A Study in Metaphysics*［M］. Oxford：University Press，2003：7.

第三章

自然类理论

第一节　理论背景

　　埃利斯本人最初是一名物理学家，研究领域是牛顿的动力学、时空物理学和计算数学，其实，我们从他的思想及著作中也可以看出，其中充满了浓厚的理论物理的色彩。后来他认为这些领域的研究过于专门化了，他想知道理论科学是不是可以发现实在的真正本质。"因此这种新本质主义，并不仅仅是个人观点，而是一种正在形成中的形而上学的观点，这是通过许多不同的尝试而达到的一种令人满意的后人类主义的自然哲学。"①

　　埃利斯认为他的本质主义理论与他看到的现代美国科学哲学中主要的形而上学观点不同，他所描述的是不同于传统的机械主义的消极、被动的惰性物质，同时又是非休谟式的。根据休谟的那种观点物质本质是消极的惰性的，统治物质行为的自然法则，除了是普遍的自然规则外什么都不是。与这种机械的或形而上学的观点相对，埃利斯认为，物质对象的本质特征并不是消极的而是积极的，力、能力和特征的本质，这些力量、能力和特征并不能被还原为更为基本的不活跃的或更为基础的范

_____

① B. Ellis ［EB/OL］. ［2023-6-20］. http：//en. wikipedia. org/wiki/Brian_ David_ Ellis.

畴特征。准确来说，它们组成了一种事物的不可还原的基质，在适宜的环境下以适当的方式表现出来。

埃利斯首创了一个概念，叫作"新本质主义"，主张任何一种自然类都有它的内在的本质特征。埃利斯新本质主义或"科学本质主义"，可概括为四点：（1）世界的终极组成属于基本的自然类；（2）大多数基本的自然类由于它的内在的性质和结构不同而相互区别；（3）区别这种自然类之间的内在性质和结构的就是它们可以相互区分的本质性质；（4）基本自然类的本质总是包含着倾向性性质。① 这种倾向性（disposition）在一定条件下具有必然性，不是逻辑必然性，也不是因果必然性，而是一种自然必然性。这样的自然类与表达自然类中的因果必然性的自然律便发生了密切的关系，用瑞格（P. Riggs）的话来说，就是"自然律表达了个体类之间的必然关系，所以通过自然类的研究发现自然律。"② 埃利斯将自然类放在了科学本体论的核心地位，他认为，并不是自然的性质决定和规定自然类，相反却是自然类决定和规定了它的因果力、潜能和能力（causal powers, propensities and capacities）。所以埃利斯等人的研究进路是从自然类到自然类的倾向性质，再到表达这些倾向性质必然性的自然律。埃利斯是从现代科学整体图景出发来安排自然界中各种自然类的，他在 2005 年出版的《物理实在论》一书中写道："新的科学图景不同于旧的科学图景就在于它有许多重要的方面。第一，它包含了世界有高度的结构实在性，形成有明显的事物的自然类层级系统。这个系统受两大原理支配：（1）存在有明显的客体或物质的自然类客观层级系统，在这个领域里，最明显不过的证据是化学，它

---

① ELLIS B. *The Philosophy of Nature: A Guide to the New Essentialism* [M]. Chesham: Acumen, 2002: 9-21.

② RIGGS P. *Natural Kinds, Laws of Nature and Scientific Methodology* [M]. Dordrecht: Kluwer Academic Publishers, 1996: 1-11.

有几十、上百种自然类，有几千种化学物质的类型，在所有的层次上都有一般定律与此相关；（2）存在着明显的由不同的事件与过程的自然类组成的客观层级系统，例如存在着类似于实体类等级的因果过程类层级系统，这是因为每一个不同的化学方程描述着不同的过程类型，而这些过程类型与层级中的种密切相关。其次，以上两个层级系统都有内部物质性质和因果力在起作用，结果新世界图景不像休谟主义者所主张的那样由内在逻辑独立的事件组成，而是范畴地相区别的自然类客体世界中必然展示了它们真正因果力的作用。"① 埃利斯认为他的本质主义的形而上学可以为科学实在论提供强有力的支持。自然类的实在论者，为了形成一种不可还原的形而上学的实在论范畴，从而证明认识形而上学基础的区别在实体共相之间，从某种程度上可以来解释自然规律的必然性。在埃利斯那里，自然类起着基础的作用，对他来说，自然类的本质解释了自然律，自然律则是基于世界的自然类的结构，自然类概念涵盖了三种层级范畴：即实体的自然类（实体类），过程和事件的自然类（动力类）和特征关系的类（性质类）。

第一节　自然类

埃利斯的自然类理论从自然类事物的本体论角度对理论的实在性进行了阐述，他认为，科学本质主义研究自然类，它能将事件或者是过程前因后果加以解释，而那些更为传统的类则只能将物体或者质料予以现象性说明。世界实际是客体自然类的层级结构，在这种层级性结构的谱系中，埃利斯设定有三个最为一般的自然类。从最为狭窄到一般的类，

---

① ELLIS B. Physical Realism [J]. *Ratio*, 2005, 18 (4)：34-66.

最窄的类，像电子或氢原子，稍微宽泛一点的类，像轻子及惰性气体，更为一般的类，包括基本粒子、成分及组成元素，这些都是质料类。在质料的范畴中，最一般的自然类包括每一个质料的自然类，它定义了一系列存在于这个世界上的物体和质料的自然类。在事件的范畴下，那些最为一般的类，包括了每一类所发生的事件和过程，最一般的类，定义了那些发生在这个世界上的事件和过程，后来他进一步将这一范畴划分为动力类和特征类。海伦·贝贝认为埃利斯的优越之处在于，"他还补充进了两种另外的自然类，即动力类和特征类，同时每一个自然类也都被安排成一种层级式的。动力类也就是过程的自然类。不限物种是像化学过程一样的过程，氢分子和氯分子相互作用形成的，形成两分子的氯化氢。在一个更一般的水平上，像折射、化学反应和氧化反应等。在最一般的水平上，我们有因果作用、能量转化和因果过程。"① 自然特征类则从无限物种被安排进来，例如球体、质量 M、电荷 Q，慢慢进入更为一般的类，像（形状、质量、电荷）到更为倾向性的特征，如倾向性特征、范畴特征、时空关系。更为广泛的类的事例分别是，个别的物质或者是客体，像电子、氯化钠、分子、纯净水，个别的过程包括两个球相撞，在刹车的那一瞬间所发生的。

　　虽然自然类的划分是客观的，并不是主观专断的，虽然在不同的时代不同的文化里，人们分类的方式不同，但是这些分类系统是相似的。埃利斯认为这些相似性是基于事物之间的相似性，另外基于相似性的人类的判断之间也有着客观相似性的关联。埃利斯给出了三种共相范畴，即质料共相、动力共相和特征共相。这三种范畴对应三种自然类事例，自然类中的物体或质料成员，自然类中的事件或过程事例，自然类中的特征或关系样例。自然类根据一般性程度不同形成共相的层级结构，从

---

① ELLIS B. International Realism [J]. *Synthese*, 1988, 76 (3)：409-434.

具有最高一般性的范畴共相物到一般性程度较低的共相，再到最具体的共相物。与埃利斯的三范畴划分方式不同的是，劳尔曾用四范畴理论来划分类的理论，他将自然类看作实体，用这种形而上学的实体观来解释自然规律，比如酸遇碱发生的中和反应。按照劳尔的理解，他将这一化学规律看作是，酸性物质体以与碱性物质发生中和为其特征，这一形而上学特征从基础地位上决定了化学规律的必然性。不过劳尔的观点是存在着问题的，是否所有的规律都可以给予这种解释？与劳尔相似的是，埃利斯也认为自然类在本体论层面有着基础性地位，但是他认为存在着的自然类是存在层级性结构的，这样的自然律也存在着相似的结构，低层次的规律可以由高层次的规律来予以解释。

作为一个分类的客观主义者，埃利斯给出了他划分自然类的六个一般标准：1."首先，它们（自然类中的成员）根据它们的客观性相互区分。自然类之间的区别是基于它们本质上的性质和结构，并不是由于我们为了方便、有用或是自然而进行的分类。"这一点使得埃利斯与杜普瑞和哈金等哲学家显著地区分开来，杜普瑞认为自然类可以根据人们的实践来进行方便的划分，但埃利斯并不认为这种带有人类主观行为介入的方式对划分自然类是可行的。2."其次，自然类必须是范畴上相互区分的。因为，它们必须本体论上可被看作是类，并且存在着独立于我们的习俗的类。"这个标准实际是排除一些看似具有共同特征的事物，实际并不形成一个自然类，正如密尔所指出的，所有的白色事物都有一种共同特征，带正电荷的事物也是，但这些白色物体及带电荷的物体所形成的类并不真正属于自然类，埃利斯实际给出了一种形成真正自然类的必然条件，这一点也曾被奎因在自然类的讨论中提到过。3."自然类之间的不同，必须给予内在的不同，也就是说，两个不同的自然类成员之间的区分，不可能仅仅是外在的，而是依赖于这个世界的事物是如何排列或是相互之间的关系如何。"这一标准同波德的标准相类似，即要求自然类应承诺自然律则。这一点也曾被惠威尔和密尔强调过。比如一些化合物是碱性化合物，那么从这一点，人们自然可得出这些碱性化合物和酸性化合物能发生酸碱中和反应。4. "一个已存在的自然类中的两个成员内在的相互不同（这些内在的不同并不是指这个类的成员或者可获得或者可失去），它们是这个类中不同物种中的成员。"这一标准有助于从拥有共同的自然特征的物体种类中区分出自然类。比如铀元素的两个同位素，U_{235} 和 U_{238} 这两种同位素之间有内在上的不同，尽管它们都具有本质上的相同的铀核或电荷结构。5. "如果有任何特征属于两个不同自然类，那么这些自然类必然是一些共同属中的物种。也就是说，两个相互区分的自然类的身份特征不能相互重叠，导致每一个自然类都包含一些，并不是全部，除非存在一些更宽泛的属，将这两个类作为种包含其中。"埃利斯用这一标准意在表明，自然类形成一个层级性的结构。6. "自然类中的成员具有共同本质特征和真正的本质。"①这一点从直觉上一般就可确认，一个自然类中的成员，因其具有的共同特征，而形成一个群体，并具有内在本质作为成员资格证明，从而区别于其他类的成员。波德也曾给出过一个分类标准，他给出的六个标准比埃利斯要严格一些，波德对自然类的划分标准的严格性也导致了他从自然类本质的一元性推出自然律的必然性，相似地，埃利斯提出基于自然类本质的倾向必然性来理解自然律的观点，两种标准并不相同，但都认为自然类的本质与自然律之间紧密相关。

本质主义者承认自然类具有层级结构，类似于生物物种的系谱树，但自然类是基于一种更深层次上的粒子具体性，比如化学成分上的区别，氢、氧、氯、氦等不同元素之间的不同并不是人为的主观划分，对它们的分类确实反映了客观自然卡在节点上显示出来的不同。因此根据

---

① ELLIS B. *Scientific Essentialism* [M]. Cambridge：Cambridge University Press，2001：20.

物质或者过程的不同所做出的区分是实在的，如哈金的科学本质主义中的自然类是具有等级结构的，处在顶端的是最普遍的类，它包含世界上所有事件或过程的自然类，同时它也限制了世界这一系列的事件类或过程类。在这一层级结构的最底端是客体或事件的无限物种。这些物种本质上不再不同，也没有潜在的物种。图示以自然类作为基础的实在论的本质主义者，他们认为整个世界不是被这个结构限定的静止的、消极的世界，而是以这个结构为雏形，以因果力为动力机制，从而衍生出具有与自然类相似层级结构的自然律系统，对于这些本质主义者而言，自然律是从自然类的本质特征衍生而来的。"根据本质主义者的观点，所有的自然律，从一般（例如守恒定律和普遍的结构原理）到最具体的（例如定义多样分子类的结构或具体的化学相互作用规律）都是从客体类和事件类的本质特征中衍生而来的，这些客体类和事件类，形成我们这个世界的最普遍的类。"①

　　为了清楚地展示自然类的结构，埃利斯给出了一个关于自然类的结构示意表格（如下图示4-1）：

（4-1　自然类结构示意图）

一般水平	质料的自然类	动力的自然类	特征的自然类
很一般的类的普遍物	组成成分 形成部分 基本粒子	因果相互作用 能量转换过程 因果过程	倾向性特征 范畴特征 时空关系
较具体的类的普遍物	惰性气体 氯化盐 重子 轻子	化学作用 电离作用 电磁场 放射 衍射	质量 电荷 场强 时空间隔

---

① ELLIS B. *Scientific Essentialism*［M］. Cambridge：Cambridge University Press，2001：3.

一般水平	质料的自然类	动力的自然类	特征的自然类
具体类的无限种	氢原子 氯化钠 分子 中子 电子	$H_2+Cl_2=2HCl$ $H_2=2H+2e$ 光量子辐射当 $\lambda=5461A$ 时，汞原子所发生的光衍射当 $\lambda=5461A$ 时，在石英晶体的表面，当入射角度是 5	单位质量 2 个电荷 单位场强面
自然类的事例			
前面范畴中类的事物	在这一范畴中属于无限种的物质或质料	这一范畴中属于种的事件或过程	事物的特征类的属于种的簇

　　那么这种自然类的结构有什么突出特点呢？埃利斯认为，"首先是它的层级性，即不论是物质、事件还是特征，它们逐渐增加的复杂性的类，存在着层级性结构，而那些层级性结构可以被分析成更为简单的基本的结构"①。理论是对现实世界中存在事物的理想图景的展示，这种理想形式犹如柏拉图的理想型，存在于想象世界中，可是现实中并不存在完全的圆形，只是近似的圆；也不存在理想的直线，只是近似直线的事例。同样，埃利斯认为，如果我们假定单位电子的质量是 m，在宇宙的任何地方，没办法找到一个物体的质量是 m/2。同样，由类的普遍物集合形成的量，属于决定性的量，它们在我们这个不完美的自然世界中可能并不连续。对于连续性问题库恩在《科学革命的结构》一书中，也曾提出过科学的发展是一个范式取代另一个范式的过程，每一个范式

---

① ELLIS B. *Scientific Essentialism* [M]. Cambridge：Cambridge University Press，2001：66.

其实就是相当于解释科学图景的基本结构，而科学的历史所形成的世界的图景，就相当于许多的可能世界，在那些世界里，每一个类的普遍物所形成的集合就相当于一个层级性结构。埃利斯用一个案例来说明这种序列性，比如 ｛平面，多边形，三角形，不等边三角形，三边比例是3：4：5的三角形，三边分别是 3m-4m-5m 的 三角形｝，这个序列形式可以表示为，我们可以看到每一个成员都是在先成员的一个物种，最后的那一个成分是普遍物，它没有物种，只有事例，埃利斯称其为"无限物种"。这种从事例到物种的区分，在成员所构成的序列中我们可以得到七个层级的普遍物（根据已有的普遍物来决定序列的层级），并且每一个随之而来的成员都既是一个事例，同时又是前一个成员的物种。

另外是，"它的不可还原性，也即我们识别一个物种之不同于其他物种的特征就是这一自然类的结构，也正是由于这一结构，我们将不同的物种划分开。"① 比如分子结构是正面体的化学物质中有 CCl_4、SiH_4（硅晶体）、CF_4、SiF_4 等物质，这些物质都是中心由一个原子，周围联结着四个元素分子形成的分子结构。对于这种物质的组成，我们不能还原到基本元素，即由两种不同元素形成的分子组成的化学物质，这样简单化的结果，不足以解释 CH_4 这种物质所具有的特征，比如正是由于它的四面体结构，使得它具有稳定性，也正是由于 H 原子位于四面体的顶点上，使得 H 原子极易失去。贝格娄和帕盖特（Pargetter），认为将物质组成还原成非结构的普遍物就可以说明物质分子的本质，但埃利斯认为将物质组成还原成非结构的普遍物，就可以说明物质分子的本质。不过单只是说明它的方程式和联结性关系，并不足以将这种分子描述清楚，为了描述甲烷分子，解释不同原子在分子中是如何排列的，这种结构性的描述方式被认为是必要的。阿姆斯特朗曾用事件的状态，来

① ELLIS B. *Scientific Essentialism* ［M］. Cambridge：Cambridge University Press，2001：69.

描画一个世界，认为它是一个逻辑上独立的原子客体，来例示杂多的量和质的普遍物，并不能公平地说明实在的层级性结构，这种世界的说明图景，实际上一个平面型世界，它缺少自然类联结的必要性关系，这种普遍物对物种的建构，也没办法解释物种。

第三节   客观特征

当我们日常用语言来谈论事物时，比如提到水时，使用"水"这个概念，我们知道它指的东西与"面包"所指称的东西不同，并与"桌子"等词汇有着更为不同的含义。实际上，当我们这样进行交流时，就是对事物做出一种划分。如果我们想谈论其中任何一种事物，确实我们也有必要这么做，我们借助划分将信息加以特征化，诸如客体、事件、过程、特征、思想和认识等。埃利斯指出，虽然由于人们在不同的年代和不同的文化中有时划分事物的方式不同，但是反映在我们语言中的基本的分类系统是相似的，而且这种相似性在任何一种自然语言中都可以无误地翻译成另外一种。在这一点上，维特根斯坦也曾提出语言的"家族相似性"概念，来说明语言在具体语境下的使用活动中所确立的标准或范型。

如果我们的分类所根据的事物的特征，是有客观基础的，那么它的客观性基础是什么呢？普莱斯提出了"普遍哲学"，认为相似的事物必然有相同的东西。埃利斯也赞同这种观点，并给出了他自己的普遍哲学的几个特点："1. 在某种意义上，它是一种阿姆斯特朗意义上的"离散理论"。也就是说，一方面它将特征和关系区分开来，另一方面就谓词而言，存在许多的谓语，也能满足这个世界的事物（所以为真），但却并不命名特征和关系。在这一点上，埃利斯是指存在一种特征和关系的本体论，它们独立于语言。2. 它是一种本体论上丰富的范畴，能识别出下面几种不同的普遍物范畴的存在——质料性普遍物，事例是实体或质料的自然类中的成员；动力性普遍物，事例是事件或过程的自然类中的成员；特征性普遍物，例子是特征簇——真正特征或关系的实例。3. 它是一种等级性理论，允许一般性程度的普遍物等级性存在，从最一般的大范畴普遍物（任何一范畴内事物的成员都能被例示）到最具体的普遍物（这一范畴内的事例都是相同的）。4. 它更接近于亚里士多德理论，而不是柏拉图理论。也就是说，事例对于普遍物的存在是一个必要的条件。5. 在这一关于普遍物的丰富又离散性的本体论中自然类明显地具有中心地位。"① 亚里士多德的观点也与此类似，不过他不接受新物种的进化，似乎也不认为杂交构成新的自然种类，而是它们母体种类的畸形。在亚里士多德那里，自然种类个体具有永恒不变性。另外，亚里士多德的类本质主义观点与第 2 点有区别，同时它也没有第 3 点。

对于两个相同的自然类，它们确有相同的本质，对于一个一般的类 K 中的成员，它们确有共同的内在特征或结构，正是它使得这一类成员成为这一类。对于一个物种 S，它属于类 K，如果它还有某种其他的特征 Q，是 S 中成员的真正本质，传统上一般将 Q 称之为是事件性特征。铀元素 U_{238}，由于它的易放射性，当它放射一个 a 粒子和 2 个 b 粒子时，就会变成其同位素 U_{234}，对于铀元素而言，原子量 238，是铀元素的本质特征，但是它的同位素原子并不因这种质量的减少而不再是这一类物质。传统上来说，直接将原子量 238 称之为是偶然特征，并不准确，但埃利斯认为它其实是它的名义本质的一部分，属于事件性（突

---

① PRICE H. *Thinking and Experience* [M]. London：Hutchinson University Library，1969：18-19.

现性）特征。①

对于特征的客观性，许多哲学家并不赞成这一点，他们认为并不存在自然的或是客观的特征和关系，但埃利斯认为，存在自然的特征和自然的关系，它们可以解释，自然中存在着事物的相似性和不同，并与我们对世界的概念化相区别，从而具有自身的客观性，独立于我们的感知、习惯和兴趣。像关系中的时空、数就是不可还原性关系。也就是说，不是本体论上依赖性和随附于非关系的类和特征，但特征并不是集合，一个集合是通过外延被定义的，当新成员被增加或拿走时，都会改变它的同一性。因而一个集合的成员标志就是它的本质。如果 X 具有特征 Q，那些有关 Q 的表征也将在 X 中得到例示，即 X 的特征性。一个特征的本性，并不依赖于它的外延，是依赖于范畴特征上的界定，比如，拉力和阻力，拉力是使一个物体前进的力，但阻力却是阻挡一个物体前进的力。

埃利斯从语言学角度对特征的表述进行了解析，特征谓词陈述一般遵循的三大原则。如果将特征通过命题谓词来展示，可以看到有如下的情形：如果 a 命名一个个体，那么 Fa 是正确的，如果 a 满足 F，它符合以下三个原则：②

（1）先天原则：谓词等价于特征。

（2）最大化原则：特征独立于语言，那么它就不可能是，那些我们仅仅通过人工语言所发现的新特征的事例。

（3）不可再生原则：如果事物有一个自然特征 P，那么因为 P 的存在，其他的自然特征在本体论上依赖于 P。

---

① ELLIS B. *Scientific Essentialism* ［M］. Cambridge：Cambridge University Press, 2001：78.

② ELLIS B. *Scientific Essentialism* ［M］. Cambridge：Cambridge University Press, 2001：82.

就最大化原则来说，对那些分离和消极的特征是适用的，但联结性特征并不适用。对于不可再生原则来说，特征名字是从自然类中衍生而来的，以电子为例来说，如果确实只是因为这个名字，电子是其所是，它并不是本体论的更基本的。这一类物质的事例从本体论上来说，更依赖于单位电荷、单位质量、半自旋等。这些特征对自然类集合而言是客观的，可以根据以上三种原则加以定义。

本质特征实质上是一种内在的特征，埃利斯使用了两个拉丁词汇"de dicto"是"根据语词"和"de re"是"根据事物"，拉丁词汇中的原始意义来理解短语的涵义。根据定义和根据实在是两个短语，它们用来标志在内涵上的两种重要区分及在相关陈述上的内涵性的操作，这种区分可以通过语言学和形而上学的定义识别出。康德区分开的先天知识和经验知识，先天知识如几何、算术等，这些先天知识虽然始自经验，却并不起于经验；经验只教给我们事物之所是，却并不能教给我们事物之所不是。根据休谟的观点，人的知识，一是来源于感知，另一是来自反省，这样来看，康德所称的先天知识应是源自反省，是主观强加于客观事物上的，使得事物表象随附于人的观念系统。这种将科学知识看作是外在于事物的观点，是科学本质主义并不赞同的，他们认为我们的知识是内在于事物的，比如白色的菊花并不因为不同人的观察就会显现出不同的颜色，也不因为不同的语言体系就不再是白色，虽然词汇上不同，"白色的""white"等这种语言使用上的不同，但是并不代表事物本质上有什么差别。本质主义者相信实在论，认为这个世界的基本成分（质料类）因果地积极相互作用（过程类或事件类）从而表现出不同的现象和关系（特征类或关系类）。

当我们谈论自然类时，通常指的是铜、金、质子或者是电磁场，它们是存在于这个世界的，独立于人类知识、语言和头脑的自然类。并不是每一个组合都可以看作是自然类，一个组合中所有个体都具有客观特征。我们所认为的自然类的本质特征还起着一种可以解释其他特征和关系的作用，并且被每一个个体所分有。更重要的是，自然类可以被看作是基本的，在某种意义上，它比自然律更为根本，我们用自然类来解释自然律，但是反之则不行。如果这个世界出现一个自然类，与之相伴随的往往也会显现自然必然性。自然类总是与本质特征相关。如果说本质特征属于自然类，那么它必然是这个对象属于此一自然类不得不具有的特征，如果它不再属于这一自然类，那么它也将不再具有这一本质特征。其他的特征则是一些偶然的特征。如果缺少这些本质特征，那么它在逻辑上也将不属于这个现实世界，它们在逻辑上也是不可能存在的。由于休谟式的经验主义传统，埃利斯一再地强调要将科学本质主义与休谟经验主义区别开来，他认为，（1）科学本质主义者并不认为自然物是被动的，相反，它们其实是积极的，并且相互作用。（2）属于自然类的事物的本质特征包括倾向性特征，即因果力、能力和性能。（3）基本的自然律并不是行为规范性的描述，自然类中的事物因为它们的本质特征而作用并相互作用。（4）自然的因果律是形而上学所必要的，因为已有的自然类按照本质倾向性特征的要求表现。（5）所谓本质倾向性特征是，关涉事件之间的必然联系的基础因果关系，也就是制动阀和基本的倾向特征的相对应。

埃利斯的科学本质主义所描绘的科学图景中，比较吸引人的就是，可以在科学中给出一种联合和秩序。他将自然类看作是有层级的系统结构，这个世界由在时空中的个体组成，并且都以个别的方式运行。当然我们一般从后验上来理解这一点，因为我们不可能先天知道我们所在的这个世界。然而如果它是正确的，那么它将是这个世界必然真理的一个支点。一方面它具有一种模型上的地位，另一方面它具有逻辑必然性。但是它并不是在所有的可能世界都成立的逻辑上是必然的，它也不是像逻辑不可能性那样，在所有的世界都不成立，因此它具有一定程度的自然必然性。

平常所说的自然律就衍生自那些本质特征，尤其要指出的是，本质特征对于这个现实世界的界定作用。正如波德所说，"然而，正如本质主义是为了解释自然律，同时也是为了解释基本特征的本质是什么，也就是说，不仅特征的力对那种特征而言是本质的，它们就是特征的本质，正是由于它们，才形成了那个本质的所是。"①

第四节　倾向与特征

一、意象论

特征是这样一些共相，它们可以用来描述实体，比如圆形的纽扣、条纹的衬衫等，还可作为谓词来说明实体，比如葡萄是紫色的，橙子富含维生素 C 等。日常中使用中也会将特征称之为属性、性征、品性、性能等。这些特性是随附于实体上，可以被不同的实体例示。比如我们说一个红苹果、一条红裙子，我们可以通过现实中的具体物来例示红色这种特征。作为特征的共相能不能被具体化这一问题还存在着争议，比如圆形、正方形等特征，在柏拉图的超验实在论中，它们是作为理想的模型而存在的，而现实生活中的具体案例能不能算作是这种理想数学模型的具体化？或者说有没有一种特征的"共相"呢，还是我们仅仅为了将现实存在物进行不同的分类、归纳、概括的一种名义上的称谓呢？

对于不同个体之间的共同性，传统的观点认为特征实质上就是一种普遍物，或者称为共相，这一种实在论的观点，是由柏拉图最先提出。

---

① BIRD A. Law and Essence [J]. *Ratio*, 2005, 18 (4)：437-461.

所谓共相，它们是独立于心灵而存在的实体，即使这些共相并没有例示物，也是存在的，比如飞马，这个世界中并没有飞马，但是飞马作为一种共相还是存在的。它又被称为超验实在论，这种实在论是一种不经济的观点，它预设了一种先于心灵的共相。莫纳批评这种观点与自然主义不一致，因为它假定了一种不在物理时空之内的超验存在物，至于这些超验存在物如何与世俗世界的个体沟通则是未解之谜。① 这种观点还会引起一种认识论上的疑虑是，我们何以能够理解一种超验的共相，不同物理时空中的共相又如何能例示出这个世界中的具体实在的个别存在物？

另外一种是由亚里士多德提出的后验实在论，即这些共相就存在于事物之中，它们仅能由事物个体来例示。因此共相内存于世界之中，它们借由自然律、因果必然性等解释展现出来。"主要的是共相必然被预设，以便解释我们在不同的个体中所发现的相似与不同，开始感知在我们周围的个体。"② 后验实在论，表明我们对这个世界中诸多个体本质的知觉认识不断地在延展、深化，并以科学进步的形式纠正之前的错误。对于自然科学来说，我们需要一种理性的信念，基于共相的存在，不断地去发现知识。

近来的文献中有些哲学家提出一种理解特征的新观点——意象论（tropes theory），由威廉姆（D. C. William）最先提出，他早期沉浸于欧洲现象学的研究，后来关注本体论领域的研究，将抽象物——意象看作是一般特征的例示，它们是世界建构的基石。意象是类似于一个具体物体的形状、大小、质量、材质等的个别表象。当两个物体共同分享了

---

① MOLNAR G. *Powers*: *A Study in Metaphysics* [M]. Cambridge: Oxford University Press, 2003: 24.

② ARMSTRONG D M. *A World of States of Affairs* [M]. Cambridge: Cambridge University Press, 1997: 25.

一个特征时，或者说它们分别例示了一个总相时，也就意味着，两个物体分别拥有一种相似的意象。比如当说两朵红色的花时，这两朵花都分享了一种红色的意象，尽管这些红色的意象可能程度上不同，但是它们本质上是近似的。按照威廉姆的观点来说，"一个具体物组成的集合，就是它们在共相上的相似的类。"①

坎贝尔（Keith Campbell）、阿姆斯特朗（Armstrong）、莫纳（Molnar）等进一步发展了特征的意象论思想。当我们说两个个体存在着相似的特征时，比如两个红苹果，它们都具有红色这样的相似特征，但是就自然界中的两个苹果来说，它们的颜色总是会存在着诸多差异，它们只具有松散的同一性。世间不存在两片完全相同的叶子，任何两个自然事物纵使再相近，也会存在着些许差异。意象论是基于相似性来确认不同事物间存在着关联性。正是因为这一点，意象论将相似性作为理论的原点，对于两个同类的事物，并不强调它们的完全同一性，仅仅着眼于存在的程度不同的相似性。

莫纳认为，特征就是意象，并将这种意象看作是真正的、独立于心灵的特征，而且它们是具相，并不像实在论者将其看作是共相。② 莫纳是基于唯名论的基本观点来论述意象论的，唯名论假定真正存在的都是个体，每个事物都是具体的，一个事物的特征也是个别的、具体的，并没有什么可以超越个体物之上，不能预设那些非具体的普遍物或超越的共相。"个别的事物之所以可以被分类或划分成不同的种，是由于这些不同事物相互类比的相似性。当然这些意象的相似性关系也必须被看作是直觉的，不能被进一步定义的。"③

① Tropes［EB/OL］.［2023-6-20］. https：//plato. stanford. edu/entries/tropes/.
② MOLNAR G, *Powers：A Study in Metaphysics*［M］. Oxford：Oxford University Press, 2003：23.
③ MOLNAR G, *Powers：A Study in Metaphysics*［M］. Oxford：Oxford University Press, 2003：24.

　　莫纳认为这种特征的原初相似性可以解决唯名论者对客体相似性或者同类事物相似性的追问，通过特征的相似性来确保规律的实现。在科学规律中，我们可以预言"盐放在水里，就会溶解"，对于这一预言，我们可以合理地追问，这一预测为什么可以应用在"盐"这种客体上，它的规律基础在哪里？"当盐碰到水时，发生离解，变成了水合离子，进入溶液"，基于相似的特征就会导致相似的规律，这种解释可以合理地给出一些客体之所以有相同的表征的缘由。根据这种解释，它有这种表征那么这个客体就会产生相似的结果，从而满足这一预言。

　　阿姆斯特朗早期也支持意象论的观点，但是后期他意识到这一理论有诸多缺点，并对意象论提出了两点批评：一是相似性原理作为意象论的第一原理，它其实是建立在共相论的严格同一性基础上的，在哲学中，只有数量上的相等才具有完全的同一性。① 对于意象论的第二个批评就是意象论不能给我们一种关于自然律必然性合理的解释。意象论在对自然律解释上会导致一种休谟式的经验论立场，即规则论解释，但是这种解释并不令人满意。意象论将规律看作是两个意象之间的关系，一个意象 F 与另一个意象 G，它们之间的似律关系可以表示为 N（F，G），但是阿姆斯特朗认为，两个意象 F 与 G 之间的关系，是由更高一阶的共相之间的关系来保证的，因此低一阶的关系仅仅是一种例示性，并不具有必然的演绎性关系，因此不存在必然推理的关系。由此阿姆斯特朗也就取消了这种对规律的必然性解释，由此导致他的理论难以应对范·弗拉森提出的推论性难题，即偶然的意象关系，无法推论出世界中存在着的有效自然律。

　　另外，意象论很容易陷入唯名论的难题之中，"唯名论者认为假定一种共相的存在，实际上犹如在马上另外安装的马鞍，它们只是我们的

----

① ARMSTRONG D M. *A World of States of Affairs* ［M］. Cambridge：Cambridge University Press，1997：23.

心灵为了更好地理解世界而制造的语词。这样就可以不用假定一个独立于心灵的世界存在。"① 正如莫纳对于个体物的支持，使得他回避了对于共相的关注，他将这些特征看作是一种意象，表示它们实质是一种谓词，只是给予不同事物以不同的名称，为了方便我们完成对不同特征的分类工作。它们的功能是可以被谓词化，从而赋予每一种事物不同的意义。

虽然阿姆斯特朗认为意象论是一种值得发展的理论，但是意象论在它的前提下仍然没有摆脱它对具有同一性共相的预设前提，缺少这一预设很难会有物理学规律预设的"自然齐一性"的必然性推理的前提。无论是共相还是意象，当我们说两个物体相似或不同时，从本体论上来说，它们就是物体、事件、状态等的相似与不同，实质上考虑到的是它们的特征的相似与不同，因此也是基于特征的实在性来谈论这些问题。实在论者在当前仍是比较受关注的理论，斯马特（J. Smart）曾在《哲学与科学实在论》中对于科学实在论给出一种最佳解释推理的根据，如果所预设的理论确实是存在，而事实也恰如其所言，那么对这一事实的最佳解释就是它们确实存在，所以，如果我们有一个关于这个世界存在的理性信念系统，它最好就是一个物理事物如其所是的世界存在。因此，这个世界终极意义上是物理主义的。

二、倾向特征与范畴特征

对于一个实在的世界来说，试图要理解的就是它的本质，谈论一个客体，就需要涉及它的特征，"没有特征，客体是空，谓词也是盲"②。

---

① Sophie Allen, Properties［EB. OL］.［2023-6-20］. https：//plato. stanford. edu/entries/properties/.

② ARMSTRONG D M, MARTIN C B, PLACE U T. *Dispositions*：*A Debate*［M］. London：Routledge，1996：71.

如何描述那些特征的本质，或者说那些基础特征的本质，这一问题在当前的形而上学领域的研究中主要存在着倾向主义和范畴主义两种不同的争论。

赖尔（Ryle）基于心身二元论的批判，将心理倾向性类比于物理倾向性，比如易溶性、易碎性等，慢慢地倾向性在心灵哲学与物理哲学中被广泛使用，对于它的研究也颇受关注。倾向主义者大多认为基础特征在本质上就是倾向的，比如莫纳将倾向性看作是真正的、不可还原的特征，它们在本质上是一种因果力；而波德更倾向于用"潜力"来描述这一本质，它们基础特征的自然本性就是一种倾向本质。因此它们承担着因果角色的作用，在具体的事例中表现出因果现象。

范畴主义者并不认为因果角色足以穷尽特征的本质，而所有的特征是范畴的，"它们并没有本质的或其他形式的性质。例如，具体来看，特征并不本质地或必然地具有或推论出任何倾向性的特征或力。"① 正因如此，范畴主义者一般支持可能世界的存在，也就是特征在另外一个不同的世界里，可以有很多不同的表现。比如一般而言当温度低于零摄氏度时，水会结冰，但它并非必然如此；一个负电荷会排斥其他的带负电的电荷，但这也并不必然。在其他可能世界中，水可能永远保持一种液体状，而一个带负电的电荷会吸引而不是排斥另一个负电荷。

首先，与范畴主义相比，纯粹倾向主义可以很好地解释自然律的必然性，这种必然性来源于基础特征在本质上的倾向性。正如马丁所认为的，"倾向性是一种质性特征。一个物体具有结构、事件、过程、状态等范畴性，而倾向性是通过这些范畴特征发挥作用，因此它本质上在这些特征之中。"② 当我们说倾向性特征，它主要是指一种在一定的刺激

---

① Properties［EB/OL］.［2023-6-20］. https://plato. stanford. edu/entries/properties/.
② ARMSTRONG D M, MARTIN C B, PLACE U T. *Dispositions：A Debate*［M］. London：Routledge, 1996：74.

下，显现某种特定的结果，因此如果说这块玻璃是易碎的，也就是指当它承受一定的压力时，它就会表现为破碎的结果。比如易溶性、易导电性、易燃性等，这些倾向性特征"实际表征的是当刺激性条件 S 出现时，客体 x 倾向于表现出 M，倾向性可以表示为 $D_{(S,M)}x$"[①]。因此自然规律的实现可以看作是倾向性特征的显现。

如果我们允许范畴特征支持可能世界，那么为了给自然律合理的解释，需要构想出一种新的实质，一种原始的特征实质。玛弗德（S. Mumford）批评了这种实质性的观点，因为它将消除特征通过因果力所起到的作用，力作为本质就会与范畴又有一个实质的结论相冲突。同时如果将范畴特征看作是实质，那么它替代实体的位置，填充电荷的位置或是质量的位置，对于一种东西同时发挥如此多的作用，其实是很令人质疑的。[②] 另外，如果范畴主义坚持可能性的存在，那么因果角色的偶然性就是一个不可避免的结果。我们不能区分两个不同的特征所发挥的作用，可能两个不同的特征同时起着相同的作用，一个特征可能会在此时发挥着一种作用，在彼时可能又会发挥另外一种作用。也有可能存在着一种未知的特征，它在因果作用中发挥着相应的角色。[③] 所以一个特征发挥出的因果角色也是偶然的，对于现象的解释中也就存在着其他的可能性。一个特征可能与其他特征一起发挥着一种因果作用。总之，它们的作用是非本质的和不必要的。

另外，奇泽姆（M. Chisholm）曾在《可能世界的同一性》中论证了在 W_1 和 W_n 的不同系列世界中，存在具体事例 A 与 B，经过一系列的连续性变化，最终 A 与 B 完成了互换，也就是 A 成了 B，而 B 成了

① BIRD A. *Nature's Metaphysics：Law and Properties*［M］. Oxford：Clarendon Press, 2007：19.

② BIRD A. *Nature's Metaphysics：Law and Properties*［M］. Oxford：Clarendon Press, 2007：189.

③ Properties［EB/OL］.［2023-6-20］. https：//plato. stanford. edu/entries/properties/.

A，可是对于这样一个可能的世界 W_n，我们如何将它与 W_1 区分开呢？或许我们可以用克里普克的历史因果链条来追溯，从而确定在 W_n 中的 B 实质与 W_1 中的 A 相同，而其中的 A 实质上是 W_1 中的 B。① 对于不同的可能世界，我们要做出区分与辨别，这需要预先假定一种跨世界的同一性。波德指出同一性的传递性要求有一个可能世界与现实世界相同，如果确实存在一个与现实世界相同的可能世界，但是它并不是现实世界，这种推论就太不可思议了。② 因此波德建议，我们需要将跨世界特征的同一性成为一个必要条件来解释自然律的必然性。由此我们就可以只承认存在着一个实在的现实世界，而那些真实的命题最终由真实存在着的事实在此世界中将其实现出来。

其次，与范畴主义相比，倾向主义认为倾向性特征就是由客体的本质形式表现出来的，因此也就表征了它们的本质性。虽然一种本质上的倾向性特征只能在适宜的条件激发下，才会显现出来，但是这种倾向性特征一直持存。"倾向性存在着，并且一直都存在，并不因为它是否显现。"③ 食盐是易溶的，纵使它并没有溶解，因为受到干燥剂的保护，并没有表现出易溶的特征，但是易溶性仍然是存在着的。也就是说，"显现的有条件性，并没有导致倾向性的限制性。因此一种真正的倾向性持续存在着，而且必然会如此，一个特征的显现，只是使倾向性成为一种事实而已。"④

玛弗德认为，如果说客体 x 是易溶的，那么这种易溶性可以解释为

① CHISHOLM R M. Identity through Possible Worlds: Some Questions [J]. *Nous*, 1967, 1 (1): 1-8.
② BIRD A. *Nature's Metaphysics*: *Law and Properties* [M]. Oxford: Clarendon Press, 2007: 73.
③ BIRD A. *Nature's Metaphysics*: *Law and Properties* [M]. Oxford: Clarendon Press, 2007: 64.
④ BIRD A. *Nature's Metaphysics*: *Law and Properties* [M]. Oxford: Clarendon Press, 2007: 64.

当 x 放入水中，那么 x 就会溶解，因为这种有条件的倾向性无非就表明了一种客体的因果力的显现。"基于一种休谟主义的经验路线，没有必要引入除了事件、特征之外的一种新的范畴，这一特征除了可以作为条件陈述的佐证之外，没有什么，而这种条件陈述是可以还原为事件陈述的。"① 这种还原性解释思想的实质是个体的倾向性特征相应于它的范畴特征，可以通过还原将它的倾向性还原为相应的更为基础的范畴性。食盐是易溶的，它的易溶性可以还原为盐的微观结构，比如 NaCl 这种化合物的晶体结构，这种微观结构可以解释这物体所具有的外在倾向性。这种物体的内在结构特征可以解释反事实条件句，所以倾向性的提出并无必要，倾向主义所预设的倾向本质并不存在，可以通过还原将其消解。这种还原性方案导致的问题是，当我们将所有的倾向性特征所表征的自然律还原掉，那么自然律存在的必要性就会被消解，另外，是不是能够将所有的规律都还原为其物质的微观结构，这也是存在着疑虑的。

阿姆斯特朗在《一个事件状态世界》里将物理事件归类为 F，那么由这些事件 F 所引起的物理事件归类 G，因此他将自然世界中的物理事件之间的关系 N（F，G）归类为一种自然必然性，相比于倾向主义者波德所坚持的律则必然性关系，更具有调和性力量。但是如此范畴主义会产生认识方面的难题。假如在范畴论者的世界中，存在着一个可能世界 W，它与我们的世界相同，但是还有一个世界具有相同的内在结构，却具有不同的特征，我们称之为是 W_1。由于拉姆塞语句是可多样实现的，相同的拉姆塞语句在我们这个世界是适用的，可是在 W_1 中却是具有不同的特征。但是我们对于那个世界中由这些特征所承担的内在本质

① MOLNAR G, *Powers：A Study in Metaphysics*［M］. Oxford：Oxford University Press，2003：2.

却是不可救药的无知。① 这种无知会导致我们无法进一步区分现实世界与可能世界，从而在认识的逻辑起点上就卡在了脖子上。

但是倾向主义论是否真如波德所说，是不成问题的呢？有一些针对倾向主义的批评，他们不赞同将所有的基本特征都看成是倾向性的，因为这会导致循环论证的难题。这种困难的产生是由于当将倾向性特征 P 看作是因果的本质，并且对于自然律而言，它穷尽了因果作用，承担着因果的角色，这样其他的特征类如 S、T 等都是由原因 P 导致的，这样就致使一个特征的本性是在与另外一个特征的相对关系中给出的，它们的不同也需要通过这种关系来呈现。但如果用相对性关系来回答这个诘难，就会陷入循环论证中。正如艾伦所说，他将特征看作是具有倾向性的，然后又用这种倾向性特征来解释规律，将规律看作是倾向性特征的显现，它实际是将靶子放在自己的鼻子上。②

还有一个难题也是倾向主义难以避免的，那就是认识论上的后退难题。一方面，将倾向性特征与非倾向性特征在认识论上区分开来并不容易，另一方面，如果倾向性特征能够承担因果作用的角色，那么要想知道倾向特征 P，就需要通过它所导致的结果特征 S，而特征 S 又会是另一结果特征 T 的倾向特征，那么就需要知道 S，要想知道作为原因的倾向特征 S，又需要知道 T，如此以致无穷。③

关于特征的倾向主义与范畴主义都存在着诸多难以克服的问题，那么我们能不能寻找到另外的出路来合理地解释关于特征的问题呢？我们都知道类似于质量、时空、力等的基础特征都是无法消除的，那么它们

---

① TUGBY M. Categoricalism, Dispositionalism, and the Epistemology of Properties [J]. *Synthese*, 2014, 191 (6)：1149.

② Properties [EB/OL]. [2023-6-20]. https：//plato. stanford. edu/entries/properties/.

③ TUGBY M. Categoricalism, Dispositionalism, and the Epistemology of Properties [J]. *Synthese*, 2014, 191 (6)：1151.

在自然律中所发挥的作用能否使我们更好地理解这些特征的实质呢？能不能持有一种中间的立场呢，将倾向性特征与范畴特征看作是实质的两面，可以通过它们在自然律中所发挥的作用将它们分别区分为两种不同的特征特性，但是它们其实是为了实现自身所呈现出来的两个不同面向。

三、实质主义的怀疑论

在当前的关于实质主义的研究中，史密斯（C. Smith）将实质主义划分成两类，一类是宽泛的实质主义，将实质看作是一种可以将特征个体化的一种具体而实在的本质。"实质主义是这样一种观点，它认为特征是借助实质具体化，实质在不同形式中的主要作用，可以被看作是本质、内在的方面、特征的所是或特征的具体质。"[①] 另一类是严格实质主义，将实质看作是发挥了律则角色的性质或潜能。"在那个世界中发挥律则角色的一种特定的性质与在我们这个世界发挥着不同角色的特定性质是相同的，它们是同一种性能，也就是说……我们用'实质'这个词来称谓可能世界间的原始同一性质。"[②]

刘易斯在《拉姆塞的谦卑》一文中提供了一种支持实质主义的论证，假设存在一个终极的、正确的、完备的理论 T，它可以很好地解释自然的运行。T 的理论将会由一种可以被理解的语言系统 O 和一个理论术语（在理论 T 中 O 被定义）的集合形成，自然地理论 T 中的一些术语指称基础特征。[③] 我们来思考拉姆塞语句 T，既然理论 T 是最终的完备的理论，那么拉姆塞语句 T 的实现也应该是由基础特征来保证的，可

---

① SMITH D C. Quid Quidditism Est? [J]. *Erkenntnis*, 2016, 81 (2): 239.

② SMITH D C. Quid Quidditism Est? [J]. *Erkenntnis*, 2016, 81 (2): 242.

③ KELLY A. Ramseyan Humility, Scepticism and Grasp [J]. *Philosophy Studies*, 2013, 164 (3): 707.

是基础特征实际承担的是一种律则角色，也就是说它们实际就是对拉姆塞语句 T 的实现。这样就会导致一个结果，理论 T 中的术语指称基础特征，而这些基础特征同样也在其语句中扮演着律则角色，这样就会出现拉姆塞语句即"T 是真的"当且仅当 T 是真的。其实我们的证据也仅仅可以在不同的拉姆塞语句中得到区分，或者根据它们的律则结构而区分开不同的表征内容。虽然拉姆塞语句的多重可实现性在一定意义上保存了基础特征在规律中的不同实现，但是刘易斯对于实质的并没有给出更多说明。

根据波德给出的跨世界同一性的论证，似乎我们应支持严格实质主义。洛克为严格实质主义进行了辩护，他采用了一种类似于奥卡姆剃刀式的简约论证方式。对于那些存在着相互竞争的理论，我们应该选择那些得到经验科学支持的理论，如无必要不能增加新的实体，对于实质主义来说，我们不能预设实质这一新的前提。因此从简约性原则来考虑，我们应该拒绝宽泛实质主义对于实质的不必要增加，而应支持一种没有实质预设的严格实质主义。① 鉴于我们对这种实质的无知，只能在一种弱实在论的意义上，承认它的存在。这一点也与英国古典哲学家洛克的观点不谋而合。

根据洛克的观点，所有存在的事物都是具体的。因此头脑中的观念也是个体的。洛克写道，"总相和共相不属于事物底实在存在，而只是理解所做的一些发明和产物。"② 他如此叙述一个物理对象所具有的真正本质观念。一个物理客体的内在组成成分是不可被感知的，并且一个物理客体可以提供出许多的真正本质，每一个都是它的内在组成的一部分，由于认识上的必要，一个物理客体被划入很多不同的类别中去，每

---

① LOCKE D. Quidditism without Quiddities [J]. *Philosophical Studies*, 2012, 160 (3): 349.

② 洛克. 人类理解论：上册 [M]. 关文运，译. 北京：商务印书馆，2019：395.

一个不同的本质都作为其真正实质的一个组成部分，当然这一实质并不可知，我们只能根据它们在不同的律则作用中所扮演的角色来做出相应的描述。按照洛克的观点，我们尝试着改进我们对自然物质的知识，但是即使我们不断完善我们对自然物质的观念，我们也并不能认识那些物理组成的真正成分。他实际上对我们在自然科学研究上的观点是持怀疑论态度的，他并不认为自然科学研究可以走得太远。

维特（Whittle）也在一些表述中，质疑了科学中常假定的实体有意义的这种看法，他指出，"这是一个有问题的结论，因为我们倾向于认为科学中所假定的基础实体都是必然具有因果效力，它们常常出现在解释这个宇宙如何运行陈述中。"① 他进一步论证到，我们不能因为这些基础特征在律则关系中的作用，就把它们看作一种实体，并认为它们是本质的组成部分。毋宁说，正是由于这些特征的律则角色，它们才由于不同的数量关系而区分开来，并且形成各自不同的规律。更一般的是，我们并不能准确地知道特征所发挥的作用，也不能知道这些特征的本质，因此对于特征的实质这种形而上学的问题，我们只能接受刘易斯所说的"拉姆塞的谦卑"。

虽然对于终极的理想实质并不能给出完全的说明，但它作为一种终极的信念支撑仍然具有一种适当性。当我们仍肯定了一个理想理论的某物存在，虽然我们对其所是并不知道，但是它可以为我们的观察理论提供一种必然性的保证和有实质性基础的实在主义。

如果我们假定世界存在着一种纯粹的质（pure quiddity），这种质对于我们的认识或者科学研究并没有什么作用，类似于"物自体"。这种解决方案提出一种不可认知之物，基于认识的起点不能确定，假设其为H，另外假定实质 H 的特征为 G，而 G 的律则角色为 F，律则 F 使得 G

---

① WHITTLE A. On an Argument for Humility [J]. *Philosophical Studies*，2006，130（3）：480.

成为这个世界的特征实例，特征 G 必然也会引入实质 H 进入这个世界。① 虽然如斯盖弗（J. Schaffer）所说，这样就可以不用考虑后退难题了，但是这会带来一种实质的怀疑主义难题，如果这个世界仅仅是实质上不同的现实性的世界，可是我们并没有办法区别它们，这种实质的可能性就会形成一种怀疑主义的图景。

"为了给刘易斯的理论一个解释，我们的证据需要将不同的拉姆塞语句区分开，也就是将不同的律则结构区分开。这种观察水平等价于结构的水平。只要一个认出了由因果必然性衍生的世界，这个世界由特征 F、G、H、I 和规律组成，并且 F 推出 H，G 推出 I。一个人可以区分开不同的假设，但是没有东西可以区分开 F 与 G。"② 由此似乎我们无法摆脱在实质上的终极无知。如果存在着一个这样的世界 W，它与现实世界并不能相区分，那也就意味着世界 W 与现实世界所包含的内容，我们并不清楚，由此它们所推出的表象也并不能帮助识别出真正的实在。虽然斯盖弗在回答关于外在世界的怀疑论上，认为应该排除那些不相容的答案，比如教条主义和相对主义，而采纳一种相容主义的答案，它依赖于我们普通的知识和相互竞争的怀疑方面的工作，也就是普通的知识与怀疑的工作可以共存，但实质他给出的也是一幅实质主义怀疑论图景。

从常理意义上来看，我们的科学研究大都是由诸多个体自觉带着一种有节制的怀疑精神致力于自然世界的研究，也将以科学进步的形式纠正之前的认识，抑或是开拓一个新的研究领域。对于自然科学来说，我们需要一种基于实在论的预设，不断地去发现知识，同样重要的是也需要包容怀疑精神对已有知识的质疑，从而让我们突破认知的界限，挺进

---

① SCHAFFER J. Quddistic Knowledge [J]. *Philosophical Studies*，2005，123（1）：17.
② SCHAFFER J. Quddistic Knowledge [J]. *Philosophical Studies*，2005，123（1）：18.

那些未知世界的深处。

第五节　类本质主义

一、类本质主义

克里普克和普特南再次将科学本质主义引入学术的视野，他们通过孪生星球的思想实验，表明了一般的术语也像具体的事物一样，有着严格的指称。一个正确的指谓内容，就是这一术语的本质，而在每一个可能世界中，这种相同的指谓是不变的，它们都指称着同一实体。哈里蒂（Khalidi）却并不赞同，他认为，"在每一个可能世界中，可能指谓并不相同，它们有着不同的特征集合。"因此他将这一问题区分为一般术语的广延问题，即一个是本质主义的，它将一般术语看作是严格的，它在每一个可能世界都指称着相同的特征集合；另一种表示方式是将具有严格指称的一般术语看作是可适用于个体的，如果这个一般指称适用于现实世界的个体，那么在每一个存在着这个个体的可能世界一般术语都适用于该个体。

"类的本质主义（EK）：在每一个可能世界，类 K 都与特征相同的集合相联系 $\{P_1, P_2, \cdots\cdots P_n\}$。

"类个体身份的本质主义（EM）：每一个个体 i 都属于类 K，那么在每一个个体存在着的可能世界中，它都属于 K"①。

两种本质主义的区分，实质上类本质主义 EK 更多的是从形而上学

---

① KHALIDI M A. How Scientific Is Scientific Essentialism？［J］. *Journal for General Philosophy Science*，2009，40（1）：86.

层面来谈论的本质主义，而类个体身份本质主义 EM 则是从认识论层面的本质主义，EK 是 EM 的前提。没有前者对类本质主义的观点，似乎很难从本质主义的角度来谈论类中的个体身份问题。因此这里可以看出 EM 预设了 EK。

科学本质语义所坚持的自然类，部分应该是科学类，它们的主要论证所支持的本质主义可以看作是普特南所发展孪生地球的思想基础。当我们说还有另外一个可能世界，它也存在着与我们世界相近的一种近似物质 XYZ，但却不是水，它有着与水相似的特征，比如遍布世界、生物可以饮用等，如果这种论证是可能的，哈里蒂认为，如果我们排除了它们的物质构成 H_2O，那么似乎我们不应该将它们再看作是水，这一点似乎可以进一步支持 EK 这种本质主义观点。

许多的新本质主义学派学者像哈瑞、梅登、舒梅克、埃利斯、波德等，都支持 EK 这种本质主义，认为这种本质主义所坚持的必然性是形而上学的，这些特征或者特征与类之间的关系的规律必然性是一种形而上学的必然性。正如克里普克所指出的，形而上学的必然性就像水是 H_2O，金的原子数是 79 等，它是一种从事物的天然本质出发来论证一个物体归属于某一类或者作为一个物体所具有的特定的特征，例如水可以溶解盐，铜可以导电等。

我们首先解释一个类或者特征的本质意味着什么，这似乎是一个令人迷惑的问题，因为我们必然要区分不同的类的特征或者它们所包含的成员的特征，或者它们包含的例示物所具有的特征。当我们说一个类有一个本质，我们并不是一般意义上说这个类自身有某种特征。比照类本质与个体的本质时，我们就会发现正是特征使得一个物体是其所是。一个物体可以承受各种偶然的特征变化，但是不能失去它的本质特征，恰是由于它将会使它成为不同的事物。个体的本质特征就是这个特定类中每一个成员所具有的。

这个观点可以通过所包含的成员进一步延伸到类上，正如洛克所阐述的真正的本质概念。直觉上来说，一个类的本质特征就是它的成员所有的特征，正是它们使得这些成员属于这一类而不是其他。对于洛克来说，个别的质所具有的真正本质，实际上是由于它是某一类的成员，这一归属身份所衍生出来的，真正的本质是属于这个类的。洛克谈到那些可观察的特征，都看作是源出于本质的，而本质是那些外在特征的原因。根据这种观点，真正的本质是可以解释这一类成员的其他特征的。在这里我们发现一个类的本质可以看作是一个模型的术语。一个类的本质特征，它使得一个客体成为一个类的成员，因此这个类本质提供了一种必然而充分的条件使得成员获得类身份。①

埃利斯在《科学本质主义》对他的观点提出了两种论证方式，首先是一种形而上学的方式，它与语义的方式不同，"与之相对，真正的本质是独立于语言而存在，通过经验调查才能被发现。真正的本质有时被看作只能由类来定义，但并不是语言所指称的。"② 其次是一种语义的方式，类似于定义的方式，一个人不知道定义的内容，并不表明它不知道定义的是什么。虽然有人不知道单身汉就是未结婚的男人，但并不表明他不知道单身汉是什么。

根据埃利斯的看法，形而上学的必然性实质是表明了一个事物的所是，并不一定要知道定义本身，但是这一点从语义必然性的角度来说并不正确。从语义必然性来看，一个人知道这个实体的定义，虽然它并不一定就是它的全部定义。③ 比如水这种常见的物质，对于小孩子来说，

① DREWERY A. Essentialism and the Necessity of the Laws of Nature [J]. *Synthese*, 2005, 144 (3): 383-384.
② ELLIS B. *Scientific Essentialism* [M]. Cambridge: Cambridge University Press, 2001: 32.
③ ELLIS B. *Scientific Essentialism* [M]. Cambridge: Cambridge University Press, 2001: 87.

它并不一定知道它的严格的指称即 H_2O，这种化学分子作为一种语义范型，也并不具有一种形而上学的必然性，因为如普特南所言，在一个可能世界中，它有可能是 XYZ。当然无论如何，水作为我们的饮用水，它遍布整个星球，天上的云层亦是由它来组成，这些事实一般人都是清楚的。因此一个人知道 x 之所是，依赖于他对 x 定义的认识，但是我们判断在某种程度上的形而上学必然性与语义必然性并不相同。

有些学者并不赞同，埃利斯对此的回应是，形而上学必然性与给出的定义无关，试图区分开语义必然性与形而上学必然性，主要是为了理解定义的语义学性质，从形而上学角度来看，没有什么定义是先验的。但是这是否就意味着，当我们将所有的本质特征 P_1，P_2，……P_n 联合起来，它们就形成了一个客体的基础定义呢？埃利斯认为并非如此，并没有所谓的形而上学的基础定义。首先，这样一个真正的定义是可修正的，它并不仅仅是一个名义定义；另外，假定一个真正的定义就是开放式的，但是名义定义却不是。不仅仅这个定义是可修正的，它更是开放的，似乎没有什么限制，这对于将来的发展来说是必然的。①

埃利斯还给出了一个区分形而上学性质与语义性质的原因，"进行区分的主要原因是，在形而上学必然性的前提与一个普通的分析前提区别是前者的基础上非语言的、客观的，而后者并不是。"② 埃利斯详细地解释了这一点，即使我们并不知道电子的确切定义，它们仍然都是带负电荷的。这也就意味着它不仅是我们所选择的特征事例，是符合人类社会安排的，而且是电子的天然本质。埃利斯写道："形而上学的必然性依赖于天然的存在，然而分析的必然性的前提依赖于社会的实践与语

---

① ELLIS B. *Scientific Essentialism* ［M］. Cambridge：Cambridge University Press，2001：35-36.

② ELLIS B. *Scientific Essentialism* ［M］. Cambridge：Cambridge University Press，2001：36.

言的传统。"① 正如三角形是一个由二条边组成的图形，它也是有三个
角的图形，很明显，无论我们如何称谓它，它依然是由它的内在特征来
形成，而不是一种由偶然的、外在或者语言、社会的关系所形成的。因
此他强调语义的必然性更多地涉及偶然的关系或者是非内在的关系，而
形而上学必然性的关系则关系到事物的真正本质，一种内在的，使它是
其所是的性质。

因此，正如哈里蒂表明，埃利斯的观点就是建立在语义与形而上学
必然性相区分的基础上。然而从本质语义观点来看，形而上学必然性关
心科学的内容，并不同于分析论述。也就是说，科学的本质形而上学必
然性立足于自然世界，而语义必然性所关注的更多是逻辑与数学真理，
它们是从人类或者社会现象中衍生的。②

哈里蒂认为，在这里埃利斯对语义与形而上学上必然性的区分并不
是表明所有的必然性事实上都是语义的，而是表明它对这两者的区分并
不成功。科学本质主义并没有给出我们方法来区分科学的本质的形而上
学必然性，它仅仅是预设了一种实在的深层结构，预设了一种与语义不
同的先验本质。虽然哈里蒂并不认为我们可以将两种必然性区分开来，
也并不表明这种区分就是不必要的，科学本质主义在预设一种先验实在
的同时，假定了一种可能的本质，而这种本质与预设的实在具有自然的
齐一性，这也正是现代物理规律的预设前提。③

埃利斯坚持认为科学本质在最严格的意义上是必然的，它是一种物
理必然，也是一种本质必然，它在每一个可能世界也都正确，这可以从

①　ELLIS B. *Scientific Essentialism* [M]. Cambridge：Cambridge University Press，2001：
　　37.

②　ELLIS B. *Scientific Essentialism* [M]. Cambridge：Cambridge University Press，2001：
　　89.

③　KHALIDI M A. How Scientific Is Scientific Essentialism？[J]. *Journal for General Philos-
　　ophy of Science*，2009，40（1）：90.

类本质主义（EK）的意义上来予以解释。例如，如果电子在每一个可能世界都有特定的特征，那么我们可以预测在每一个可能世界这个具体的微粒都是电子，它们不仅分享相同的自然律，而且在每一个可能世界中都有着相同的必然性。埃利斯在一种更强的意义上使用了一种实在的本质主义，并突出了它跨世界的同一性。

为了进一步明确本质特征，埃利斯给出了本质与偶然的最基本的区分方法。最本质的特征就是一类事物中的因果力，所有这类事物，存在于任何世界中，都倾向于以此种方式来表现。① 埃利斯认为，本质的特征是内在的，尽管并不是所有的内在特征都是本质的，仅仅是那些具有必然性的内在特征。另外，埃利斯对内在的理解是：所谓内在，即一个特征的产生是因果上独立于它的支撑者的历史、位置、环境等外在特征的。正如他所指出的，根据这种概念，特征自身无所谓内在或是外在的，它们是内在或者外在上被拥有的。②

对于一些基础粒子像电子，它们在本质上拥有一些内在的特征或者是因果力，还有一些特征比如电子的位置、速度等都是偶然特征，它们是可以失去或获得的，并不是所有电子所具有的典型特征。但是还有一些基础粒子，比如铀原子，它们有两种同位素即铀 235 和铀 238，原子量的区分使得它们看似有着不同的内在倾向特征，但是对于同位素原子来说，它们的原子量并不是本质的，但是某种程度上也不是偶然的，因此近于本质特征，埃利斯给出一个新的特征范畴，就是事件的，他将类如原子的重量这一特征看作是事件的。"如果一个特征 Q 并不是自然类 K 的本质特征，但是它是一种自然种 SP 的本质特征，那么对于类 K 中的成员来说，这一特征 Q 就属于事件的，它是一个自然种中的成员的

① ELLIS B. *Scientific Essentialism* [M]. Cambridge：Cambridge University Press，2001：8.
② ELLIS B. *Scientific Essentialism* [M]. Cambridge：Cambridge University Press，2001：27.

本质特征。"①

关于本质特征，哈里蒂提出，"一般我们认为一个事物如果实体不发生改变，那么它的本质特征也不会改变，但是对于衰变过程来说，实体一直在经受着内在因果力的变化，但是这个实体并没有发生改变"。这样就可以将因果力特征看作是事件特征，它的基础在于因果力，也是可能失去或者获得的，因此并不是必然所具有的。埃利斯为了辩护本质特征的基础性，将二阶特征看作是一种事件特征，它与偶然特征又不相同，这样就将一些非本质特征排除出去，但是也有学者质疑这些事件特征有没有基础，如果有基础，它们的基础还是自然类的吗？如果是非自然类，那么这些特征似乎是非实在的，如果是自然类的，但却与本质特征具有不同的基础，这就会将这些事件特征置于一种两难的境地。后来埃利斯修正了本质特征的观点，只有内在的因果特征才是本质的，而其他的都是相对的特征，可以理解为事件特征。不过对于事件特征的基础问题仍然存在着疑问。

科学本质主义存在的一个难题是区分科学知识到底是先验的还是后验的问题。我们知道康德为了解决问题，提出我们对世界的感知和理解是有条件的，存在着先天被置入的概念和原理系统，它们需要我们的反省才能发现出来。正是基于这些先于经验的概念和原理，我们的知识才成为必然性的一部分。"在这里，关键是要有一种我们能用来可靠地将一个纯粹知识和经验性的知识区别开来的标志。经验虽然告诉我们某物是如此这般状况，但并未告诉我们它不能是另外的状况。因此，首先，如果有一个命题与它的必然性同时被想到，那么它就是一个先天判断；如果它此外不再由任何别的命题引出，除非这命题本身也是作为一个必

① ELLIS B. *Scientific Essentialism* [M]. Cambridge: Cambridge University Press, 2001: 78.

然命题而有效的，它就是一个完全先天命题。其次，经验永远也不给自己的判断以真正的或严格的普遍性，而只是（通过归纳）给它们以假定的、相比较的普遍性，以至于实际上我们只能说：就我们迄今所觉察到的而言，还没有发现这个或那个规则有什么例外。所以，如果在严格的普遍性、亦即不能容许有任何例外地来设想一个判断，那么它就不是由经验中引出来的，而是完全先天有效的。"① 康德将必然性和严格普遍性与先验性联系起来，但是这也带来了很多的问题，使得我们对很多知识不能有质疑的空间，当所有的自然律或者原理都是先验的，并且是严格普遍的，那么就是必然的，不能有例外。但是事实是否如此？

我们也知道休谟与之不同，他提出我们所知的知识都是后验的、偶然的，我们之所以将一个事件看作是与另一个事件有前后相随、因果相继这种必然性的结果，是习惯性的心理联结，不同事件之间并没有一种逻辑的必然性。"因此休谟得出结论，自然律无非是关于世界的偶然概括，如果它们看上去对我们来说是必然的，那么这只是因为我们基于它们建立了我们的主观期待或信念。"②

很明显康德和休谟对同一问题的观点，制造了困境。为了解决这个疑难，波普尔提出了一种解决方案，将自然律看作一种尝试性的假说，因此科学理论是可反驳性的猜想，它们可以被证伪，我们不应将科学放在形而上学的位置，而应当始终保持着一种怀疑批判的态度，一旦理论被证伪，便应被修正或者提出新理论，因此它们是后验为真的最佳解释推理。这一观点也为近来的很多科学实在论者所支持，如埃利斯、斯马特等。

---

① 康德. 纯粹理性批判［M］. 邓晓芒，译. 北京：人民出版社，2004：2-3.
② ELLIS B. *Scientific Essentialism*［M］. Cambridge：Cambridge University Press，2001：40.

二、具体科学中的应用

（一）化学及生物学中的应用

新本质主义在 20 世纪获得了广泛的关注和影响，它回应了 16、17 世纪以来快速发展的科学。埃利斯认为它比笛卡尔的机械论哲学更接近实在的本质，它同样可以作为一种现代哲学的分析范式，为必然性和可能性提供新的概念，为现代逻辑提供新的基础。

这种广泛的应用比较突出地表现在化学、生物学等领域，在这里我们先从化学中来了解。化学注重对物质的构成成分、内在结构及因果功能进行研究，比较关注其内在特征。化学成分可以作为一个自然类本质主义的标准模型。一个类中的成员都分享着一个共同的本质，这个类的所有的成员都有着相同的内在结构或者特征，正是这个内在特征成为了一个事物的独立标志，与其他事物区别开来，而外在的特征则是表面的特征，或者是与其他事物相互作用而产生的关系特征。这种类的本质也可以作为解释其他特征的内在原因，根据类所做出的一些归纳概括或者是科学推论，也往往是必然的。比如碳原子的原子结构最外层 4 个电子，所以它最多可以和外界 4 个原子形成化学键，这种原子结构决定了它可以与其他原子结合形成化合物。正是由于这种碳原子的结构，如果碳原子的每一个键都与其他原子结合，就会形成最稳定的结构，比如，如果碳原子与其他碳原子通过四个化学键形成稳固的金字塔结构，那么就构成了世界上最坚硬的矿物质之一——钻石；而如果碳原子只通过三个键与其他碳原子结合，它就会形成层次结构，构成世界上最软的东西之一——石墨。也正是由于这种碳原子结构，使得它可以与很多原子形成含碳化合物，比如碳酸、碳酸钠、碳酸钙、二氧化碳等。因此这种原子的内在结构作为它的本质，使得碳与其他的原子相互区别开来，也使得碳形成很多与它的特征相匹配的物质，并可以据此做出一些推测性结论。比如碳酸性化合物等酸性物质可以与碱性物质发生化合反应，并释放出二氧化碳的，比如泡沫灭火器就是利用了这一化学原理：

$$6NaHCO_3+Al_2(SO_4)_3 =\!=\!= 3Na_2SO_4+2Al(OH)_3\downarrow+6CO_2\uparrow$$

在基础化学中，每一个自然类过程可以通过这样的化学方程式反映出来，它们可以看作这类化学事件的本质。埃利斯指出，"因为这一事实，它们可以解释这些化学反应之间的相似性与不同。它们解释了这些反应物与产物，在这种条件下的相互作用，它们即将朝着这个方向进行。如果你要区分出这些化学反应，那么你会发现没有其他反应有这种结构。有这种化学结构就是这类事物反应的充分而必要的条件。另外，这是正确的，不是因为任何语言的传统，或者是我们强加于事件的理解或者评价方式，而是这类事物反应在本质上的不同类之间的范畴区分。任何类之间的相互反应的不同无关于人类的存在。"①

亚里士多德最先用本质主义来解释物种概念，他将各种不同的生物，无论是植物还是动物，都划分进不同的物种，每一个种类内的成员都有其独特的基础特征。每个物种都有其相应的典型特征，而这种主要特征是其中的成员所共有的，它们作为一个集合，共同形成一个统一的物种。每个物种内的主要特征，就是由种所决定的特征，就是它的本质特征。

那么生物物种作为具体科学中的种类是不是有本质的自然类呢？生物学上的物种实质来说是历史的，它们并没有清楚的界限。洛克曾批评亚里士多德的自然类理论，认为物种之间并没有那么严格的界限。物种是历史的并且是理性上排除了它们有相互关系可能性。事实上，那些模糊性的界线更具破坏力，很多物种有着居间的形式，我们很难将它归到这一类或那一类。这一点可以让我们了解到物种并没有本质，但是最近

① ELLIS B. *Scientific Essentialism* [M]. Cambridge: Cambridge University Press, 2001: 161-162.

生物哲学家本质主义学者像拉普蒂和奥卡莎（Okasha）却为种的历史特征和关系本质进行了辩护。

埃利斯认为这种类事物的行为表现方式就是每一个类过程的本质。本质主义的解释广泛用在生物学的解释中，还有生物化学、微生物学等，也都应用了这种范式来解释很多的生物过程，这些过程的同一性依赖于物质或者结构的类，同时还有它们的相互反应过程。细胞和细胞的结构是自然类事物，它们的生长和繁殖过程都是普通的因果过程。

科学研究物质的基本结构和它的特征，它们有着一个不同的本体论地位，并处理着组织层次的物质与能量，物理和化学描述了最微观层次的宇宙终极构成基础，这些类是自然的，其他的可能并不是。在这些领域类本质主义是一个最普通的主题，它不仅用于具体科学的类，而且适用人工的类。事实上，任何类或者特征，无论是人工的还是主观的，它们都服从类本质主义。比如当我们说5克重的东西，这个范畴正常来说只能看作是一个人工的类，这个类只有很少的共同性，它们唯一相同的是它们的重量，而它是一个一般的概括。但是这个范畴仍然可以看作是一种本质，它们在任何可能世界里，都有着相同的本质，即它们的重量是5克。哈里蒂也同样认为，这种同一特征作为一种本质保证了这个类，它们可以看作是有联系的。所以，事实上科学的类一般都可以满足类本质主义，类本质主义似乎可以为任何范畴所满足，无论它是自然的，还是科学的。也许正因为它的广泛适用性，本质主义的价值并不像想象中那么大。

（二）心理学中的应用

最近讨论比较激烈的是心理类是不是自然类呢？我们一般都认为人们的心理状态与物理世界不同，它有思想，能行动，是一种积极的心理状态，与物理世界的各种存在的事物的消极状态不同，它有各种希望、恐惧、信念等不同的心理状态，它可以借助不同的心理状态对发生的事件产生反应。埃利斯并不限制将自然类用于事物的类，还可用来包含状态类及过程类。如果将心理状态看作是一种心理类，与自然类不同的是，似乎它更多呈现的是一种功能，即表现希望、恐惧、信念等，因此可以将其看作是一种功能类。自从赖尔对身心二元论进行批判后，很多的学者如斯马特、阿姆斯特朗等开始提出心理状态就是物理状态，开始从实在论的角度去思考心理状态的特征。

行为主义者赖尔，认为我们所有的都能够按照某种行为，或者某种行为倾向来加以分析，这一思想使得行为主义的分析与现象学分析分离开来，并在心理学中获得了相对独立的地位。后来的刘易斯及阿姆斯特朗进一步发展了这一思路，认为一精神状态可以完全被因果作用说明，一精神状态要么是即将产生一种行为方式，要么已经形成一种行为方式，他们将心理状态看作是一种行为倾向。

查默斯（Chalmers）将心身问题区分开来，一部分是指对心理性质部分的解释，它是由心身之间的因果关系导致的，可通过物理的因果律来解读，也可将其称为功能性质。比如一个物理系统具有心理属性，犹如一个钟表可以显示时间一般，显示时间是钟表的功能性质。一个身体系统自然会产生信念、欲望等心理功能。查默斯指出心灵有两个方面，一个是现象学的，它通过感觉来理解、产生意识经验，另一个则是心理学的，通过人们的所作所为来理解，是行为解释的基础，它起到的是一种因果的作用。心理学特征，由第三人称来描述，表征在一个人的外在行为的因果关联中扮演的一种角色。

查默斯并不同意有一种未经证实的精神实体的作用，同时为了不退回到物理主义的困境中，他秉持了一种性质二元论的立场。不过性质二元论并不是那种弱"二元论"，即存在着一些非物理的属性，如适应性等生物属性，不过这些性质是随附于微观物理性质的，比如为了实现对外在变化了的环境的适应，很多生物会通过基因变异等微观决定因素进行调适，而这种调适是逻辑上随附于微观物理性质的。查默斯提出用心理物理学定律描述这些新的性质，"它们（这些定律）的作用在于说明现象（或者原型现象）的性质是如何依赖于物理的性质。这些定律不会干扰到物理定律，物理定律已经形成了一个封闭的系统。"① 为了保证物理定律的因果封闭性系统，查默斯发展了一种自然随附性观点，虽然他不赞同将意识还原为物理，但是他却承认意识自然地随附于物理上。由此我们仍然可以看到物理主义的基础性。

功能主义者福多认为，心理类是可以由它们的功能角色来定义的，而不是通过神经生理学类的本质特征来实现的。② 通过区分心理类和神经生理类，福多将物理类的实现同化到硅基、神经、C-纤维等很多东西。这样生理类在心理学所发挥的只是一种特定的功能角色，它的这一角色可以由各种可能世界中的其他类来呈现它的多样可实现性。这样他就论证了一个心理类本质上并不是一个特定的神经生理类所实现的，它发挥的功能事实上是独立于所实现的那个潜在的类。因此心理类与潜在的神经生理类之间并不具有必然关系，不像自然类与它所具有的那些特征之间有着一种必然的联结，但是如果心理类与神经生理类之间的关系只是偶然的、后验的，那么就会导致突现主义这种观点。根据这种观点，心理类只是在民间科学中有对人类行为的解释价值，因为它们指称大脑中的功能模块，这些模块是大脑中的特定区域，它们发挥着一些不同的功能作用，比如视觉区域，通过一些面部表情及与对话者的沟通而获得一些可操作性的信息输入。这样民间心理学只能被称为前科学，当然随着对心理科学的深入研究，会有很多进步性解释来取代对功能模块

① 查默斯. 有意识的心灵——一种基础理论研究 [M]. 朱建平，译. 北京：中国人民大学出版社，2013：157.

② FODOR J A. Special Sciences：Still Autonomous After all these Years [J]. *Philosophical Perspectives*，1997（11）：149-163.

的原有理解。①

由于认识论在科学中的重要作用，尤其是在心理学或者社会学等人文学科中的作用，类本质主义虽然在心理学或者社会学这种与人文学科中的作用不像自然科学中的作用那么广泛与普遍，但是它作为一种实在论的最小预设解释，仍然保留在科学解释的范式下。杜普瑞指出很难发现一个可以适合于所有不同分类实践的自然概念，因此似乎可以采用多样性的自然分类方法，或者消除统一所有自然类形成一个综合概念的欲望，从而实现多样实在论在实践中的自由应用。

在近来的文献中，许多学者提出用科学类来代替自然类。斯莱特（Slater）和瑞顿（Reydow）论证到自然类的形而上学预设已经与认识上的分类方法愈来愈远了，它们在认识上的价值也被看作是独立于自然类的形而上学的，也正是如此，这让我们的科学实践获得了很多富有成效的成果。与其将我们的自然类看作是已经由其形而上学本质在其节点上预设好了的，不如将其看作是在科学实践背景下的适合实践目的的一种客观分类。② 斯莱特指出，我们关心分类，实质上关心在科学实践背景内的归纳推论中所发挥的作用。它所需要的是一种最小形而上学承诺，这些特征的充分共现与它的推论和解释性作用是具体科学所关注的。麦纳斯（Magnus）也同样指出在一个领域中自然类可以实现归纳与解释的成功，这种成功如果没有对自然类预先存在的承诺是不可能的。③ 瑞顿也论证到一个模型应该尽量将形而上学与认识论在分类上的作用融合起来，因此根据他对自然类的共同作用，他认为，"本质与分

① DUPRÉ J. In Defence of Classification [J]. *Studies in History and Philosophy of Biological and Biomedical Sciences*, 2001, 32 (2): 203-219.
② SLATER M. Natural kindness [J]. *The British Journal for the Philosophy of Science*, 2015, 66 (2): 396.
③ MAGNUS P D. *Scientific Enquiry and Natural Kinds: From Planets to Mallards* [M]. London: Palgrave-Macmillan, 2012: 20-30.

类者共同形成了一个自然类"①。因此,"类是由事件的本质状态的方面与它们的研究者的科学背景的预设与判断共同决定的。"②

虽然随着科学发展,我们发现了更多的类,也开始创造更多的分类学的认识方法,但是这种外在的、语义学的方式仍有其局限。最有名的论证就是普特南的孪生地球的思想实验,对于那个孪生星球上的 XYZ,看似与地球上的 H_2O 有着不同的本质,但是要想认识并理解 XYZ,我们终究要回到对它的表征的理解,它与地球上的"水"有着相似的外延,虽然我们并不能直接推断 $XYZ=H_2O$,但是随着我们对它的内在结构的认识,我们终究可以确定它的指称。如埃利斯所认为,克里普克后来论证,后验和偶然性并不是相同的。如果在每一个世界中,它们都保持着同一性,那么它们在不同的世界也相同。所以它们并不是一种偶然的同一,而是必然的(确实所有真正的同一性都如此)。虽然这种同一性是经验发现的,但并不表明它们就是偶然的。③

---

① REYDON T. *From a Zooming-In Model to a Co-creation Model：Towards a more Dynamic Account of Classification and Kinds*［M］//KENDIG C. Natural Kinds and Classification in Scientific Practice. London：Routledge，2016：70.

② REYDON T. *From a Zooming-In Model to a Co-creation Model：Towards a more Dynamic Account of Classification and Kinds*［M］//KENDIG C. Natural Kinds and Classification in Scientific Practice. London：Routledge，2016：70.

③ ELLIS B. *Scientific Essentialism*［M］. Cambridge：Cambridge University Press，2001：171.

第四章

因果力

第一节　因果力的提出

17—18 世纪是理性主义的时代，这个时期机械主义极为盛行，他们认为上帝启动了开关后，整个世界就按照预先设计好的自然规律运行起来。当时的哲学家梅里美甚至写过一本书《人是机器》，即人也是自然界中的一员，同样按上帝设计的模式运行，如同一架机器一样，启动开关后，便按程序运行。笛卡尔、洛克、牛顿等自然哲学家都认为物质是"一堆无色、无味、坚硬、冰冷的无生命的东西"①。笛卡尔主义的机械自然观的基本信条是：在长度、广度和深度的三向量中构成有形实体的本性。② 广延是笛卡尔自然哲学观的核心，他将物质实体的本性看作是在空间具有的广延性即几何性质，其他性质（包括运动）都可以完全按照形状、度量和位置这样一些几何性质加以说明。但当时的莱布尼茨表达了不同的观点，如果将广延看作是物质实体的真正本质的一个直接后果：有机生物世界的不同质的多样性和丰富性就将是不可理解

---

① BURTT E A. *Metaphysics Foundations of Modern Science*［M］. London：Routledge，Kegan Paul，1932：237.

② 转引邝锦伦，等译. 西洋哲学史（四）：笛卡尔到莱布尼茨［M］. 台北：台北黎明文化事业公司，1990：151.

的，同时，所谓的运动及变化也是不可能的。

　　莱布尼茨并没有满足于笛卡尔的这种用实体的物理性质来解释自然界的所有现象（包括心灵）的方式，他认为必须在活动性或力的原则中来寻求自然现象的根本原因。莱布尼茨在对自然的解释中重新引入了经院哲学所使用的内在目的性（entelechy）或实体形式（substantial form）的观念。从近代自然科学中借用"力"（force）的概念，来表示现在状态中包含着向未来变化的活动的能力。他是在两个意义上使用"实体形式"这个概念的：第一，强调目的性以及活动，并且据以说明活动的内在本原。"我发现实体形式的本质在于力量。……亚里士多德总称之为'最初的内在目的性'。""我尽可能以比较容易理解的方式，称之为'原始的力'（primitive force），它们自身之中，不仅包含了可能性的实现或辅助之力，而且也包含原始的活动力。"① 当然，这个内在目的性或实体形式并不只是指行动的潜能，它需要外在的刺激才能产生活动。实际上，它与莱布尼茨所说的倾向（conatus）有关，也就是一种活动的积极倾向，它除非受阻或者被妨碍，否则必定会自己实现出来。"自然全部是一种'神的技艺'的产物，而每一自然的机器（这是自然与人工技术的真正不同之处，却很少为人们所注意）都由真正无限多的器官构成，因此造成并管理这架机器的，必须本身也有无限的智慧与能力。……对于我来说，只要万物的机械是凭足够的智慧构成的，足以使这一切奇事都有来源就够了，有机的东西在我看来主要是依照一个前定的计划而自行发展的。"② 第二，从实体形式所具有的功能上，强调其对事物的某种限定性，个体的独立持存性。"内在目的性之名也能赋予单纯实体或被造单子；因为它们自身之中有某种完美性，有某种

---

① 转引邝锦伦，等译. 西洋哲学史（四）：笛卡尔到莱布尼茨［M］. 台北：台北黎明文化事业公司，1990：388.

② 莱布尼茨. 新系统及其说明［M］. 陈修斋，译. 北京：商务印书馆，1999：160..

的充足性，使得它们成为内在活动的来源，而且可谓之无形的发动机。"① 因此莱布尼茨的有机论哲学的观点是，每一个实体或单子均有其活动的原则：单子并非无生气，犹如机械论世界里所描述的死寂世界中的无生命力的物质，而是具有内在的活动与自我发展的倾向，力量、能量、活动乃是这种实体的本质。单子的每一个都"足以在细节上单独为整体给出理由，就像另一个不存在似的。但当我们考虑到它们的来源时，缺少另一个，两个就都是不充分的，因为它们来自同一个源泉，在这个源泉中，产生动力因的力量和统治着最后因的智慧被发现是统一的"②。

　　莱布尼茨对"实体形式"这一意涵的表达在不同时期采取了多种术语，诸如"力""隐德来希"或"内在目的性"（entelechy）、"单子"等。莱布尼茨对实体形式的研究受到了剑桥的柏拉图学派的影响，但他这一概念直接源于经验哲学家托马斯·阿奎那（Thomas Aquinas）。托马斯·阿奎那的思想实际上是从亚里士多德那里继承而来，他认为实体形式具有精神性和实体性，以及不灭性，在这个基础上，莱布尼茨又从动力学方面对它的能动性做出了改进。上帝既然创造了这个在数量和种类上无限多样的世界，那么这个世界的差异性和丰富性需要做出说明。对莱布尼茨来说，整个自然界就是由简单的单子到更高等级的单子再到精神单子和上帝的单子，这样一个相互联系的、由不同的层级的序列构成的普遍和谐的系统。在 1698 年《论自然本身或论被创造的事物中的力及其活动》这本书中，他开始比较成熟地表达"单子"这个概念，并将实体的点或实体的本原称为单子，后来在 1714 年的《单子

---

① 转引邝锦伦，等译. 西洋哲学史（四）：笛卡尔到莱布尼茨 ［M］. 台北：台北黎明文化事业公司，1990：388.

② EULER L. *Letters of Euler to a German Princess* ［M］. Bristol：England Thoemmes Press，1997.

论》（*The Monadology*）一书中，开始对单子有了系统而清楚的表达。

埃利斯发展了这种活力论的观点，他将由经院哲学发展而来的有机论哲学中的终极神论的思想悬搁起来，但是继承了这种将世界看作是一个自我不断完善和倾向于自我实现的有机论思想的核心观点。正是这种对活力的观点，使得埃利斯将物质看作是活动的，并不是死寂的，这种内在的活力使得它们可以表现一种倾向性。像酸遇到碱会中和，它会将铁腐蚀掉，而对玻璃则没什么作用。类似于中国古代所说，"相生相克"的原理，某些物质与另外一些特定物质的相互作用就是事物内在倾向性特征的表现。埃利斯对倾向性作了如下的定义：倾向性特征属于自然类的本质特征中的一部分，正是倾向性特征决定了这一类事物的运动方式和行为规则，而在事物中的体现是通过事件之间的因果关系，一自然类的因果发生律便是这一类事物的倾向性特征的最好描述方式。根据埃利斯的这种观点，可以看出，这一自然类事物运动规律集合是它的倾向性特征集合的一种外在描述，而它的倾向性特征集合是本质特征集合的一个真子集。

埃利斯自称他的理论是一种内在实在论，这种理论接受一种本体论上的科学实在论，同时还承认真理的内在性。"一种科学实在论者实际上是一个内在实在论者，因为这种可接受性真理理论和一种真正的本体实在论者相调和，它是一种实用性理论，认识论上它被认为是正确的。"① 他认为传统科学目的是给出一种一般性的关于世界的正确描述，这种合理的描述形成科学规律，并通过它们的客观性、正确性和经济性而被评价。但是他指出科学本质主义的目的，不仅仅是描述它们，同时还给出一种实质性的解释，那些正确的科学解释，给出的是关于世界的基本过程和一般特征理论，而且评价一个科学理论的标准，同时还应该

① BEEBEE H. Review on Scientific Essentialism by Brian Ellis and The Philosophy of Nature by Brian Ellis Mind [J]. *New Series*, 2004, 113 (450): 334-340.

考虑到它的解释力。这种内在性体现在科学本质主义者相信存在内在的因果力、因果性和因果倾向。

我们知道，在前苏格拉底时期，自然哲学家泰勒斯就已经在用这个观念指一种世界本原，认为世界万物由水组成。这种作为基础理念的水就可以解释各种复杂的物质的形成原理，这样就可以避免那种未知的神灵来解释自然世界的一些可观察的现象，是一种试图摆脱神创说，从人类理性的角度来理解自然的运作和发展的一种尝试，但这种观点在亚里士多德那里被否决了，认为水太简单了，无法作为整个物理世界的形形色色的物体形成的基础质料，因此他增加了土、空气、火另外三种物质，由此这四种物质，形成基础的物质类。亚里士多德另外加上冷和湿两种相反的性质类，形成这个世界的复杂物质形态。

在洛克那里，真正的本质，指物理实体的不可知的内在组成，在他的合理的原初意义上，它指的是任何物质的形成，通过它，这种物质是其所是。亚里士多德主义者都认为那种类是某种实体的本质，因此是一种解释，那类物质之所是的基础，可以通过实在的定义来指称，但经验主义哲学家洛克认为，那种教条是琐碎的，亦不能给我们对自然现象的解释增加任何实质的贡献，作为本质必须是原因性的法则，可以对自然现象予以解释，即使我们并不知道那种内在的原子组成。

到了现代，克里普克和普特南拒绝了这种经验主义教条，他们认为洛克的那种怀疑主义可以被克服。克里普克和普特南指出，语词水、金总是可以指称那种由水分子组成的内在组成的物质，所以它们指称那些物质，在泰勒斯和亚里士多德的时期，也允许这样的事实，即可以翻译成英文水的希腊词。根据克里普克和普特南的观点，即使洛克谈及水时，他并不知道存在水分子，但他也指称由水组成的物质，那种对未知的本质的预设不应该被抛弃。克里普克和普特南认为，即使在洛克那个年代，它们也确实服务于将一种物质与另一种相区分出来，正如水不同于金。"克里普克认为自然类的成员都有共同的本质，那些不是这个类的成员则不具有这种特征。但是对于埃利斯来说，它认为这种本质特征对于类中的成员来说，只是一部分，比如一个电子的本质是带一个负电荷，这是电子的本质的一部分特征；像铀原子具有挥发性，这也是这种物质的本质特征的一部分。重要的是，这些物质的本质特征都是不可还原的倾向性特征，这些本体论上的倾向性是基本的类的因果力或潜能。"①

因果力与这种本质实在性有如下四个特征：（1）科学本质主义者将因果力看作是本体论上不可还原的基点，因果力使得世界显现出动态的、积极的、活跃的倾向性特征。在过程类中的表现尤为明显。正是在因果力的作用下，使得过程在适宜的环境下显现出来，比如碳在空气中燃烧产生二氧化碳，即 $C+O_2 \rightarrow CO_2$，也就是，一种物体类和另一种物体类，在一定条件下倾向于相互作用，它们之间通过因果力产生相互关联。"具体来说，如果任何事物有一个因果力，那么它倾向于在适宜的环境下，以适宜的方式发生作用。另外，如果任何事物是本质上拥有这种力的，那么它在这种环境下，便必然地倾向于以这种方式发生作用。"② 因果力作为倾向性特征的支撑或依据，使得事物呈现出相应的特性。（2）因果力对事物而言，是内在的。事物具有这种一致的因果力，在自然中呈现出一种普遍的规律性，也即因果律。因果力对事物而言，起到极为重要的作用，因为它是世界表现出因果力的来源。一个事物所具有的因果力决定了这个事物如何表现，透过这种表现出的倾向性特征，我们理解事物之所是。这些特征，同时也是本质上的。自然类事物总是表现出一些相似的、一致的特征，碱性溶液遇到石蕊试纸变蓝

① BEEBEE H. Review on Scientific Essentialism by Brian Ellis and The Philosophy of Nature by Brian Ellis Mind [J]. *New Series*, 2004, 113 (450): 334-340.
② ELLIS B. *Scientific Essentialism* [M]. Cambridge: Cambridge University Press, 2001: 3.

色，而酸性溶液遇到石蕊试纸变红色。自然类事物在一定的激活条件下总会表现出一种同一性特征，这种共同性特征正是由于事物具有内在的因果力的作用。在埃利斯看来，因果力与自然类过程所表现出来的特征可相互定义。(3) 因果力是事物类的过程本质。通过过程所展现出来的事物的真正本质，比如，钥匙是在开门的时候表现出它能开锁的特征，一个事物运作的过程是由因果力在其中发挥本质作用的。一个物体的引力决定了这个物体的引力场，进而对在引力场中物体施加相应的作用。假设一个基本的物理粒子，它具有某种质量和某种电荷，那么它本质上就会产生相应的电磁场。因果力是使得某一类事物呈现出相应的显著的身份性标志，从而标示出特定的类，对某一类事物而言是固有的、内禀的。(4) 自然规律依赖于自然类所具有的因果力。科学本质主义者承认自然律的必然性，并不像休谟主义者所宣称的那样，认为规律仅仅是习惯的产物，是偶然的，并不具有必然性，它使得不同事物相互区别开来。根据埃利斯的观点，"首先，自然律是形而上学的。自然律是内在于世界中的，如果世界不发生改变，那么自然律也不会发生改变。其次，它仅仅寓于客体、特征及过程的自然类领域之中，在社会或人类科学中，并不会有自然规律，即使是经济学中。再次，自然律并不仅仅是可观察的规范性。因为自然过程通常是一个紧密相关联着另一个，从理智上来看，它们在思想中可被分离，但自然律关心过程自然类的描述，必然被抽象地表达，涉及在理想环境下的理想客体。"①尽管埃利斯对因果力的适用范围进行了限制，主要将其应用在自然科学领域中，但是，我们会发现因果力原理可以进一步拓展，应用到更广泛的社会学或人类科学领域。

---

① ELLIS B. *Scientific Essentialism* [M]. Cambridge: Cambridge University Press, 2001: 6.

第二节 倾向性和因果力

以休谟为代表的传统经验主义者，都认为因果力或因果性能是依赖于自然律的特征。由于他们假定自然律是依赖性的，那么事物的因果力和因果性能也是依赖性。也就是说事物如何作用并反作用是一个依赖性的问题，事物自身是内在无能的。17—18世纪中由于科学的发展，一直流行着机械论的观点，认为客观世界内在并不是运动的。巴特认为，那是一个黑暗、冰冷、无色、寂静和死灰的、数量的世界，按照机械化的规范性的方式运动，在数学上是可计算的。笛卡尔、洛克和牛顿等哲学家都持有这种科学式的观点，认为"世界是消极被动的，仅具有广延和不可入性"，但埃利斯不同意这种观点，他宣称"世界是积极的、动态的，由或多或少暂时性物体组成，它们之间相互作用，而它们的特征则依赖于它们在这一动态平衡过程中的位置"①。

按照牛顿自然哲学的观点，一个静止的物体，如果我们不给它一种外力使之运动，它将始终保持自身不变，运动实际是一种惯性，而不是一种由自身而起的行为。当一个保龄球随着保龄球棒而被翘起时，那并不是球本身的行为，而是一种被动；也或者由于惯性，它使另一个球也运动起来，那是因为它在交换运动，它失去自身的运动，接受另一个球的运动，这让我们产生了一种非常模糊的积极运动性观念，但其实它并不产生行为，而是消极运动的连续。埃利斯认为，这种将本质看作是消极观点，归因于他们认为自然的规律仅仅是偶然地强加在这些惰性物质上的。

① ELLIS B. *Scientific Essentialism* [M]. Cambridge：Cambridge University Press，2001：2.

存在于自然中的事物，都有某种本质或结构使得它们根据自然律以特定的方式表现。按照经验主义者所认为的，想象一下可能世界，事物本身是被动、消极的，而自然律又是依赖性的，在可能世界里就可能会发生不同于自然律的情形，因为自然律并不独立。本质主义者并不赞同这种观点，他们认为存在由自然律所决定的因果力，这种因果力在世界中是以普遍物的形式存在的，自然地在所有可能世界也相同。在埃利斯看来，这些因果性能实际是物质本身行为规律的展示。比如将 CuO 这种物质放在盐酸性溶液中，会使得溶液颜色变成蓝色。这一现象的发生，是由于 $CuO+2HCl \rightleftharpoons CuCl_2+H_2O$ 这样的化学规律发生其间。一般而言，所有这些由铜元素组成的物质放入酸性溶液中，都会形成蓝色的铜盐溶液。正如埃利斯认为的，所有这一类中事物，如果具有这般特征，必然地，它们都会以这种方式发生，因为它们是这个自然类的成员。按照埃利斯的理论，我们可以来分析上面的这一事例，自然类是由铜元素组成的物质，在酸性溶液中表现的特征是蓝色，发生的规律是 $CuO+2HCl \rightleftharpoons CuCl_2+H_2O$。同时埃利斯还将自然类事物都会表现出来的明显性特征称为是倾向性特征。如上面的事例，我们可以得出铜盐溶液呈现蓝色，这一特征是所有由铜形成的盐性溶液都会具有的倾向性特征。这一倾向性特征是由铜所形成的物质类所决定的，在所有的可能世界，也都符合这一发生规律。埃利斯是一个实在论者，他认为凡是有自然律发生的地方，在所有并非虚空的世界中，必然存在自然类物质。

埃利斯并不认为物理世界是被动的、静止的，相反他认为这个世界本质是积极的和相互作用的。它的主动性是源于在事物中存在的真正的因果力。莱奥哈德·尤勒（L. Euler）曾认为在不动的自然界存在的力本质上是消极的。尤勒认为，"倾向性的原因并不是从物体释放出来的吸引力，或像莱布尼茨所相信的那样，由前定和谐所决定的物体的倾向性的运动，而是由以太（ether）所产生的压力，使得一个事物朝向另一个事物运动"①。诸如行星的运动和重力所产生的加速度，实际是由于一种惯性和不可入性产生的消极结果。

埃利斯给出了对倾向性概念的分析，倾向性特征："如果物体 x 有一个决定性的倾向性特征 P，并且 x 在任一环境 C（C 是其制动阀）中，由于具有 P 可以内在地决定它在 C 中的行为模式 E。当然，具有特征 P 的 x 并不一定会现实地按照 E 方式发生。"② 有时，埃利斯也将因果力、因果性能看作是倾向性特征。如果拿一个简单的自然类事例来说，倾向性特征可以用（C，E）这一指定的组合来加以表示，其中 C 表示一类环境，E 表示一类事件，即如果物体 x 在环境 C 中具有这种能力以产生 E，那么也就表明 x 有这种倾向性特征。但是埃利斯指出，这一点并不仅仅是从分析性意义来说的，自然类过程的本质也并不是由倾向性术语的意义所决定的。埃利斯的这种本质主义理论采用的是一种后验分析的方式。可以看出，埃利斯试图表明，我们在解释一类事物的本质时，必须首先须将这一特征组展示出来，而它们也是科学研究的主要目的，通过科学发现来说明存在这一特征律，才能得出结论认为这一类事物是有这种倾向性特征的，并不单是进行逻辑上的分析。

"倾向性特征有助于解释事物所表现的倾向性，也就是说，有助于解释事物在多样的环境中将会或很可能会如何表征。"③ 比如有一种药物，可以致使人昏睡，吃了这种药的人，很可能会不自觉地想睡觉，埃利斯认为，这种想睡觉的欲望，其实只是人的心理作用，他相信这是一种可以让人昏迷的药，吃了它后，很可能不自主地就会想，一会儿就会

① EULER L. *Letters of Euler to a German Princess* ［M］. Bristol：England Thoemmes Press，1997.

② ELLIS B. *Scientific Essentialism* ［M］. Cambridge：Cambridge University Press，2001：119.

③ ELLIS B. *Scientific Essentialism* ［M］. Cambridge：Cambridge University Press，2001：123.

进入昏迷状态，于是信念便促使他这样认为，最后也真的变成那样了。很多时候人的一些行为结果并不是由事物本身的倾向性导致的，所以倾向性特征并不可以直接由这种外在的行为来定义一类事物的本质。埃利斯认为真正的自然类的倾向性本质可以通过对这个类的过程进行描述展现出来，这种固定指称的过程实际上是用行为性的术语将其具体化，并加以典型化，这种解释方式可以保证类的所指，由此也可以在自然类物质同其过程之间建立一种同一性关系。

埃利斯认为，一个真正的倾向性特征是基于自然类过程的，这种倾向性特征是独立于我们的分类系统的。埃利斯举了牛顿的例子，说明发现两个看似相反的运动过程类——降落到地球和围绕着太阳旋转的相同本质；相似地，拉瓦锡也将呼吸、锈蚀和燃烧过程看作是本质上相同的氧化作用。埃利斯的理论似乎更为注重从事件的过程上来阐述因果力，在这些事件中，具有相同的发生原理的归类在一起，那么一类事件的起因就可以通过运动原理来阐述，在物理上就表现为一组物理方程式，在化学上就表现为一组化学反应式。

第三节　对因果力的回应

对于埃利斯所做的工作，很多学者都给予了很多评论。海伦·贝贝（Helen Beebee）对埃利斯的自然类理论也给予了极大的关注，她认为埃利斯对休谟式的观点所做出的批判并不完全正确，但另一方面，他确实做出了很细致并且有启发性的论证，这些值得他的对手认真对待。同时他还提出了自然类的本体论及形而上学和认识论上的模型论。但是她认为埃利斯的理论仍旧是规则性的，规律属于一种依存必然。海伦·贝贝的这种观点值得商榷，因埃利斯本人曾表示他反对别人将他看成是规则论者。对于自然律的解释来说，自然类的地位要更加基础一些，因此规律理论并不是依赖性的，反倒是决定性的。"本质主义坚持认为，事物运行起来正如它们自身所是，不是因为它们被强迫，或者是被上帝限制，即使服从自然律，那也是因为它们内在的因果力及其它们的基本组成成分的基本特征，以及它们是如何排列的。"①

埃利斯认为本质主义者移除了那只"看不见的手"，对于本质主义者来说，认识论的难题是如何知道自然类的本质和内在力，但是他却不再追问，"不可解决的怀疑"，扔掉了人作为上帝的代理者的疑问，于是我们只能将问题留给了科学家，并认为他们"知道如何处理"，但是我们怎么真正知道是否预设了的本质确实存在呢？例如，我们怎么知道目前我们对电子进行的解释，明天将可能是吸引而不是排斥了呢？怀疑的情景仍然存在，它只是需要以不同的术语被描述。埃利斯自己也注意到了本质主义遭遇的难题，自然类怎样来命名及它们的因果力怎样被发现，他只是论断道，"存在一些怀疑，工作着的科学家关心并知道怎样驾驭它，他们并不是不可解决，像休谟主义理论所产生的彻底的怀疑那样"，② 将这一问题的责任推给了科学家，这样就模糊地处理了这一问题。

另一著名哲学家阿姆斯特朗也给予了诸多的评论。他指出自己赞同埃利斯的观点，将客体非关系性的或是内在的特征都看作是与本体论相关的，由某种实在因或实体机械导致，这些特征的发生，对埃利斯而言，他将这种内因看作是因果力导致的。阿姆斯特朗认为，如果将实体所表现的特征看作是由因果力所导致的，从而形成一个决定性的世界，而且这种因果性是绝对的，且是形而上学必然的，这就导致了一个问

---

① ELLIS B. *Scientific Essentialism* [M]. Cambridge: Cambridge University Press, 2001: 1.
② ELLIS B. *The Philosophy of Nature: A Guide to the New Essentialism* [M]. Chesham: Acumen Publisher, 2002: 136.

题：由这种必然的因果性，理当推论出，原因与结果之间的连接是必然的，有什么样的原因必然会导致什么样的结果产生，而对于前面所提到的实体特征，按埃利斯的说法必然是由因果力导致的，有与特征相应的力作用其上，必然就有相应的特征显现。但是，阿姆斯特朗提出如下问题：假设一个具有因果力的物体，那么因果力必然也是这个物体的特征，如此这般，因果力特征就将作为物体所具有的一个表现出其他特征的特征，而自身却并未显现出的特征，这便会产生一个潜在的、未显明的特征是事物的本质，而这个本质便将显而未显，与本质的"是其所是"相悖，如果那种显现的特征是事物的本质，那么这种潜在的因果力特征，便不是本质，正如莫纳所说，这种因果力特征，可以将其看作是具有"物理意向性"（physical intentionality）。阿姆斯特朗不认为这种特征存在，他认为它不仅不存在，而且将特征与那种不存在之物的关联产生了一种虚幻之象，也就是在显现的特征与不显现的、潜隐的特征之间制造了不必要的连接，这不符合哲学的实证精神。

为了解决前面提出的力最终变成非本质的特征，埃利斯将"因果力"独立出来，在《科学本质主义》第 3. 11 中，将因果力看作是具有明显量的特征，即"一个因果力为了解释一个无限系列上的显著倾向性特征"，他将之命名为"元因果力"（meta-causal powers），这种元因果力作为一种起决定性的力，从而作为大量的众多显现力的表征。舒梅克与埃利斯的观点近似，且他比埃利斯更为极端，将这个线路又向前推进了一步，他认为从本体论上来看，特征及其关系都可被看作是因果力。斯威波恩则从另一条进路来解决这个问题，将特征与因果力分成两个不同的层次，因果力与特征之间是一种二阶关系，因果力的外围由特征环绕，被莫纳称之为是"非因果力"（non-powers），阿姆斯特朗也赞同这种做法，更喜欢将之称为是范畴特征，以与外在特征有所区分，但与其有关联之义。很多学者在他们的理论中面对不能还原的基本概念性问题，开始将它们的关系性所有的结构采用二阶关系来处理，但无论是二阶还是三阶结构，作为一个不可还原之物，仍旧需要阐释自身。如果这种关系另外还需要其他的二阶或三阶关系来说明，这样会导致无穷后退；而且不加论证它们自身的合理性，就会有独断之嫌。

阿姆斯特朗还指出，根据埃利斯理论的逻辑，所有的特征都是相应的因果力的显现，根据埃利斯本人坚持实在论的观点，那么最后自然推论出这个世界都只是因果力形成，除了因果力，个体只是特征的表象，这个世界一无所有，只是一团变动铰接着的因果力。阿姆斯特朗并不认为这个结论是可信的。阿姆斯特朗将自己的范畴特征与埃利斯的结构特征相区别，埃利斯的结构特征与因果力没有关系，它们并不是世界所表象的特征，刘易斯曾将结构特征认为是发挥了一定的因果角色的，正如埃利斯所说，"每个特征都能以某种方式或其他的显现它自身给我们，除非我们对它一无所知。"① 但是阿姆斯特朗并不赞同这一点，他不认为这些结构会对个体的特征起因果作用，结构在本体论上是依赖于成分的，但是对因果力作用却不产生作用。比如在牛顿世界中，两个质量 M_1 和 M_2，如果是两个物体的距离不同，则力也不同，但距离并不是力，它对最终结构的产生仅仅是偶然的。埃利斯回应指出，距离只对力的分配有必然性，也就是说，距离与力的本身如果没有必然性关系。那么按照阿姆斯特朗的观点，这个力就成了一个不必要的累赘，那么这个因果作用就不是必然的。"但是这个麻烦是力的分配形式并不是力，并且个别的形式在具体的事例中会修正力的运作，也就是形式地所起到的因果作用，而且它所表现的是一种偶然的作用。"②

---

① ELLIS B. *The Philosophy of Nature: A Guide to the New Essentialism* [M]. Chesham: Acumen Publisher, 2002: 169.

② ELLIS B. *The Philosophy of Nature: A Guide to the New Essentialism* [M]. Chesham: Acumen Publisher, 2002: 171.

另外，根据阿姆斯特朗的观点，我们不预先设定结构特征与力的运行，所起到的因果性是一样的必然的。用一个经济的理论，将所有的特征都看作是范畴特征，而规律是这些特征之间的必然连接，这样单独将结构特征从特征中区别开来，并认为它发挥因果作用的必然性功能便显得不那么必要了，而且整个理论也更为简洁些。但是如果将所有的特征都看作是范畴性的特征，会导致一种静态的机械世界观，这是埃利斯极力要避免的。埃利斯给予阿姆斯特朗的回应是，他认为，这是走极端路线的舒梅克才会遇到的困境，因为舒梅克将所有的特征与关系都划归为因果力产生的结果。他认为，自己仍旧相信范畴特征，但认为范畴特征在因果力的作用中起依附性作用。因果力的行为本身在环境中并不具有功能性作用，比如因果作用 C，在环境 D 下，产生影响 A，按照阿姆斯特朗的观点，D 或者是对因果作用 C 起分配作用，使之成为一种必然，或者不是，但埃利斯认为在两者择一之中，还有第三种情形，D 在这个因果作用整体中，作为独立的一维，一起形成这个因果结构，既产生作用，又被因果力影响。对于这一观点，埃利斯解释为因果力是一个客体及其过程之间的关系，"一个客体在因果力的影响下，服从因果律的作用，从而产生倾向性行为。当这个因果力在何种的环境中被激发，那么这个既定的因果规律地描述了这个类改变的结构，例如一个物体具有处于某种环境中所具有的力。在这个简单情形中，这个因果力的作用规律并不指称其他的力，而是提供了这个类在这个过程中因果结构的范畴性描述，说明了事物在某种影响下将如何改变。事物的范畴特征在这个因果结构中起到的是解释作用，阐释了特征的结果或改变及事件的状态。"①

总之，埃利斯的这一观点，积极地从内在倾向性上来说明事物如何

---

① ELLIS B. *The Philosophy of Nature: A Guide to the New Essentialism* [M]. Chesham: Acumen Publisher, 2002: 172.

以特定的方式运行。与之相对的是,如果是一个消极主义者,则只能是那些不活动的事物,假如它们能运动,将是在上帝的作用下被推动或是被拉伸。因此埃利斯反其道而行,认为如果不如此那就是由于它们自身内在的力,从而达到反驳休谟的观点,并相对地表明了这一理论的活力性和内在特征。埃利斯也做了很多将本质主义应用于哲学和科学的研究,在物理学、化学、生物学、思维和模型哲学,以及经济学和社会学等具体学科,如何应用本质主义来解释相关主题做出了说明。这些论述是丰富并且是极为明智的,然而他对新本质主义优越性的讨论有些过度了。

第四节　因果实在论

一、因果过程实在论

因果实在论被认为是一种纯粹的、可能的、规范的联结,杰克维提(Chakravarity)指出因果现象应该是从物出发的一种必然的联结。① 对于因果实在论的反驳,有两个最重要的哲学家,分别是休谟与康德,他们分别代表两类观点。休谟主义者拒绝了很多形而上学的部分,将因果联结看作心理上的前后相继,因此它们是一种习惯性联结,这也意味着因果不再是必然的,它们更应是一种心理印象。自然这种经验主义的立场,实质上就否定了必然性。而康德主义者的观点是将因果看作是一个先验范畴,它本质上就是一种因果工具,一种要求在经验上实现的可能

---

① CHAKRAVARTTY A. Causal Realism: Events and Processes [J]. *Erkenntnis*, 2005, 63 (1): 7.

性。因此因果之间存在着先天的必然性联结，但是它所适用的对象却是事物的表征，而不是物自体，因为物自体在我们的认知之外。当然这种将已知现象的因果基础归于物自体的超验理念主义是存在着问题的。

对于两种观点的讨论是广泛的，但是在这里我们只是指出，因果实在论的这样一种观点似乎都是双方赞同的，只是对它的解释不尽相同，也就是他们都赞成一种独立于心灵的世界，它存在着自身的因果原理，不是一种人们强加于其上的观念，因此在它的运行过程中表现出一种必然的因果现象。埃利斯也提出一种因果过程实在论，对于那些物理现象的解释，就是一种物理的因果机制，它可以提供一种更好的解释，当然这种因果机制也预设了一些实在论的事物。"这种因果机制预设了一种具有各种特征或者结构的实体的存在，这些特征和结构是在解释中发现出来，但是我们也相信它们的存在。一个因果过程的实在论者必然是一个特征和关系的实在论者和实体存在的实在论者。"①

因果过程实在论并不是一个新的提法，罗素曾经在《因果观念》这篇论文中阐述过对因果的理解，将它看作是一种人们强加于自然之上的观念，无害但却常常会引发错误的表征。在罗素看来，因果似乎对科学没有什么作用。后来他又在《人类的知识》重新对因果现象做出了解释，并给出了"因果线"的概念，"当两个事件属于一条因果线时，我们可说较早发生的事件'引起'较晚发生的那个事件"；"所以，这种因果线概念，就是认为存在着这类多少同自己决定的因果过程。"②他从因果实在论的角度来理解因果律，将因果过程中所表现出来的因果现象给出一种必然的解读。

罗素的因果过程哲学观点源自他的老师怀特海，他认为过程就是一

① ELLIS B. *Scientific Essentialism* [M]. Cambridge：Cambridge University Press，2001：157.
② 罗素. 人类的知识 [M]. 张金言，译. 北京：商务印书馆，1983：380.

种"持续性",他总结了五大科学推理的公设,作为因果过程的一般原则:"(1)准持久性公设:任何一个相邻的时间,在某个相邻的地点,有一个与 A 非常类似的事件。(2)可以分离的因果线公设:在事物与过程中有长期的持久性的不同因果线存在。(3)时空连续性公设:这个公设是用来否认有超距作用的存在。(4)结构性公设:当许多结构上相似的复合事件在相离不远的领域围绕着一个中心分布时,通常出现这种情况——所有这些事件都属于以一个位于中心的具有相同结构的事件为它们的起源的因果线。(5)类推公设:如果已知 A 和 B 两类事件,并且已知每当 A 和 B 都能被观察到时,有理由相信 A 产生 B,那么如果在一个已知实例中观察到 A,但却没有方法观察到 B 是否出现,B 的出现就具有概然性;如果观察到 B,但却不能观察到 A 是否出现,情况也是一样。"①

张华夏在《科学的结构:后逻辑经验主义的科学哲学探索》中评价罗素的因果过程论,"罗素的功绩在于他首次提出了因果线的新概念,提出因果线具有持续性、稳定性、概然性和前因后果关系。……在这里他想用因果关系来说明因果的特性。但什么是因果关系或因果的相互作用呢?如果他又用因果持续性来解释因果的相互作用就陷入了循环论证,而且如何用因果的持续性来解释因果相互作用呢?它缺少了因果的传输性的概念,怎样说明因果相互作用呢?这就为后来许多科学哲学家留下了发挥新的因果理论的余地。"②

由阿伦森(Ron Aronson)和费尔(David Fair)进一步发展了因果过程论,而萨蒙(Wesley C. Salmon)与多约(Phil Dowe)等哲学家做出比较深入的分析。原因与结果之间的连接作用,应该是由某种物质实

---

① 罗素. 人类的知识 [M]. 张金言,译. 北京:商务印书馆,1983:584—587.
② 张华夏. 科学的结构:后逻辑经验主义的科学哲学探索 [M]. 北京:社会科学文献出版社,2016:231.

体或者质料来传递，不然就会出现不同事件之间的"超距"作用，阿伦森指出，"我们可以在数量上确认这种质料，它就是速度、动量、动能以及热等等。"① 他认为因果之间的相互作用就是一个能量的传输过程，当然根据物理学的基本原理，系统的整体能量是守恒，这种相互作用的方式其实是一种变化的能量转移过程。继承了阿伦森观点的是大卫·费尔，他也认为因果关系是一种能量或动量的传递。"他要求将日常生活的用语还原为物理学的语言，他主张要将事件、事实、性质等用语都还原为物理实体考虑。"② 张华夏如是评价他的理论，如果说能量传输理论可以解释物理客体之间的因果相互作用，但却不能解释人类社会中的因果作用事件。

萨蒙与多约继续沿着这一路向去研究，他们从三个问题入手来思考这一理论：一是，什么是因果过程；二是，什么是相互作用，它是怎样发生的，在什么条件下发生，它是决定论的还是非决定论的；三是，原因与结果是怎样区别开来的。对于这几个问题的回答，可以从他们给出的三个基本原理来看：

"（1）一个因果过程就是具有守恒量的一个客体的世界线；

（2）一个因果相互作用，就是包含守恒量交换的世界线的交叉；

（3）因果相互作用主要是概率性的，决定性因果不过是概率因果的特殊情况：$P(E \mid C) = 1$。"③

萨蒙给出了以上因果过程的三原理主要回答了第二个问题，对于什么是因果过程，他是这样定义的，过程实质上就是时空图式，它们展示

---

① 张华夏. 科学的结构：后逻辑经验主义的科学哲学探索 [M]. 北京：社会科学文献出版社，2016：232.

② 张华夏. 科学的结构：后逻辑经验主义的科学哲学探索 [M]. 北京：社会科学文献出版社，2016：232.

③ 张华夏. 科学的结构：后逻辑经验主义的科学哲学探索 [M]. 北京：社会科学文献出版社，2016：233.

了时空连续性，并在一定程度上具有连续性的特征。对于其中时空世界线的概念，是源自明可夫斯基（Minkowski）。一个因果的过程就表现为一条时空图式，时空中的某物体的历史所组成的事件序列，而事件的发生与演变可以通过四维时空表征出来。当然萨蒙也将因果过程与时空轨迹区分开来，"但是因果的相互作用与纯粹的时空图式并不相同，是因为在其中有相互的改变——这种变化源自轨迹上的相互作用及其在其中的受阻"①。另外，因果过程中也会传递一种信号，而这个必要的信号就是一种因果概念，它就是一种因果相互作用的观念形式。多约补充了对这一过程的认识，他强调这一过程具有相同的守恒量，在我们经验意义上的因果往往是一个空的概念，因为在其中没有因果的相互作用。

杰克维提指出的因果过程实在论也值得关注，他是从批判性的角度来看当今对于原因与结果的思考，如果将它们看作是两个事件的相互的作用，存在着连续性问题、无限后退及因果的非实在性等问题。

首先来理解为什么应该将原因 C 与结果 E 看作是在时间上连续的呢？如果事件 C 与事件 E 之间由于一种因果链条联结起来，在多米诺骨牌效应中，前一个事件是后一个事件的原因，尽管第一事件与最后一个事件事实上并没有时间的连续性，但是在这一事例中，我们说，有一个具有时空连续性的因果链条，而因果链条上的每一个节点都与下一个节点存在着时空的连续性，因此事件 C 与事件 E 之间存在着时空连续性。但是如果事件 C 与事件 E 是彼此独立的两个事件，那么这两个瞬时事件，其中 E 作为终点，C 作为起点的话，我们总是可以发现更进一步的瞬时事件，所以不连续的事件不可能是时间上连续的，因此 A 不可能引起 B。这一推理有点类似于芝诺悖论或者是阿基里斯追龟，如果两个事件是时空独立的，那么它们之间就永远会有一些其他的瞬时事

---

① 张华夏. 科学的结构：后逻辑经验主义的科学哲学探索［M］. 北京：社会科学文献出版社，2016：233.

件。因此两个事件之间必然性就意味着时空连续。"一般来说事件的因果链条，必然性关系必然包含在连续性的事件中，而不是因果链条中的两个相分离的事件。必然性就意味着充分性。"①

再来看无限后退问题，假如事件 C 与事件 E 是时空相联结的，那么 C 引起了 E，在这个因果的变化中，前一部分与后一个部分存在着因果联系，而涉及原因与结果的部分确实是变化了的。当我们要试图确认变化了的部分的原因时，一个更早的部分 C′ 与仍然存在的部分，那么更早的部分就不能作为 E 的近似原因，仅有后一个部分才能承担这一角色，但是 C 的持续才是 E 的最近因。② 因此将最近的原因与结果作为目标，如此将会走向一条无望的路。

杰克维提指出，"将因果看作是一个连续的过程，将过程看作是因果的基础。做出这种转变并不只是一种简单的取代基于事件的因果分析模式。从实在论者的角度来看，将过程看作是因果的，它们可以调和事件之间的关系，除了那些对过程的描述，这就是为什么连续性客体并不会出现在这里。当然这也并不阻止我们将事件从因果过程中剥离开来，仅仅是为了方便将它们看作是原因与结果。但是实在论者理解当我们谈及事件的因果关系，这些因果身份是由于连续性的因果过程而产生。"③同样根据过程性的观点，实在论可以避免连续性问题和无穷后退问题。因果过程实在论更多地考虑了客体的进化状态，以找到解释这些改变的真正原因。

因果过程实在论相比于实体实在论更有优势，过程因果可以与当前

---

① CHAKRAVARTTY A. Causal Realism: Events and Processes [J]. *Erkenntnis*, 2005, 63 (1): 11.

② CHAKRAVARTTY A. Causal Realism: Events and Processes [J]. *Erkenntnis*, 2005, 63 (1): 12.

③ CHAKRAVARTTY A. Causal Realism: Events and Processes [J]. *Erkenntnis*, 2005, 63 (1): 15.

的物理研究相结合，它的分析相比于实体应更复杂也更深入。根据费尔的观点，因果也存在于转移的能量中，多约和萨蒙表示，在一些守恒量的转移中，已经被用在一些这样的基础物理学中。但是张华夏评论这种观点存在着一定的缺点，"将原因看作是因果过程中的守恒量，特别是物质与能量的交换。如何识别哪个是原因哪个是结果呢？输出了负能量的是原因还是结果？在同一个因果过程中能从先前时间的过程流向后面时间的过程是不是一种因果关系呢？特别是原因如何定位，它是我们所说的触发因吗？是偶然因吗？等等"①。确实这些因果过程中的理论所承诺的基础因果关系，存在着很多不一致的地方。弗若曼认为因果过程本体论并不是一个新的概论，它其实最终也会走向死胡同，而且对我们理解因果的本体本质并没有发挥什么作用。②

　　然而正如埃利斯所论证的，如果一个因果解释比其他更好，那么它就是一种合法的更好的解释。为什么我们更相信一种因果解释而不是其他呢？对于科学实在论的广泛被接受的论证是将科学理论看作是一种最佳解释推理。如果这个世界的表征恰如原子和电子的存在，那么这个事实的最佳解释就是它们确实是存在的。从实在论的角度来说，"科学的解释的理论提出了一种要求，它要求这种解释可以告诉我们一些现象的潜在的原因，它要求一种关于这些原因的实在论，因为这些实在的现象很难是由虚构的原因产生的。"③

　　由因果实在论可以产生一种有价值的推论前景，为我们的科学实践提供有效的前提。在科学的事例中，有许多的不可观察之物，它们的存

---

①　张华夏. 科学的结构：后逻辑经验主义的科学哲学探索［M］. 北京：社会科学文献出版社，2016：238—239.

②　FROEYMAN A. The Ontology of Causal Process Theories［J］. *Philosophia*，2012，40（3）：524.

③　ELLIS B. *Scientific Essentialism*［M］. Cambridge：Cambridge University Press，2001：160.

在一般被认为是隐喻的，其实它们并没有确定的本体论的蕴涵，但是却是我们在解释一些现象的内在原因的一种深刻的尝试。"实在论者并没有排除不可观察之物，它们起到了一些重要的解释作用，它们以那些概念化的隐喻为基础。"①

二、因果解释与反事实条件

对于原因与结果的关系，即事件 c 引起了事件 e。在一个具有因果必然性的关系中，往往也可以这样表达，如果事件 e 不发生，那么 c 也不会发生。这种 c 作为 e 的逻辑必要条件，从反事实条件进行的表达，是 20 世纪 70 年代后由刘易斯提出反事实条件的可能世界语义学发展起来的。正如刘易斯所指出的，"我们将事物的原因看作是可以产生出不同的，这种不同是由将会发生的原因所造成的，如果没有它，它的结果也将不会产生"②。这与休谟曾经给出的因果定义不同，他写道："我们将原因定义为一个客体伴随着另一个，所有的客体是第二个相继于第一个。也就是说，如果前者不出现，后者也不会出现。"③ 这种前后相随、两者相继的关系来阐述因果的现实关系，为许多经验主义哲学家所支持，但是在经验主义的解释里，它更多地论证是一种事实因果，而不像刘易斯所给出的反事实分析，它可以指称一种非现实的可能。反事实条件的形式是一种虚拟条件句，它与在先的事实相反。刘易斯发展的可能世界理论，可以帮助我们根据反事实句子来分析真理条件。

大多数情况下，反事实条件是可以为自然律所支持的。无论是在刘

---

① CHAKRAVARTTY A. Causal Realism: Events and Processes [J]. *Erkenntnis*, 2005, 63 (1): 18.

② LEWIS D K. *Counterfactuals* [M]. Cambridge, MA: Harvard University Press, 1973: 161.

③ HUME D. *An Inquiry Concerning Human Understanding* [M]. New York: Clarendon Press, 1955: 87.

易斯的早期著作中还是晚期著作中，他始终坚持认为自然律支持反事实条件句。"如果你准备同意最佳系统的公理是正确地被称作定律，大概你就想说，它们支持因果说明；它们支持反事实条件句；它们不仅仅是巧合……"① 根据酸碱溶液与 PH 试纸的规律，我们完全可以预言当 PH 试纸大于 7 时，所测试的溶液呈碱性，而小于等于 7，所测试的溶液不是呈碱性的。这与一般的非类律型陈述不同，非类律型陈述中的前件与后件之间的关系并不充分，因此两者之间并没有必然的推断关系。

麦吉曾给出过一个关于原因的分析，用的概念是 INUS 条件，即所有的这些条件联合起来形成对于一个结果的充分条件，不过它是一个复杂的条件，但却不是必要的，因为原因也可以由其他条件产生。我们确认一个原因时，我们会从复杂之中挑出其中的一部分，对于这一原因来说是必要的部分，但是它自身并不充分。总之原因就是一个充分但不必要的复杂条件中的一个不充分但却必要的成分。

日常中我们说，"如果我明天不做，我就会变成一只小猫"，这种说法是一种修辞，它仅仅是表达我明天要做的意愿，并不会成真。但是在化学或者物理学等基础学科中，如果这个 PH 试纸测试的值大于 7，那么测试的溶液就呈碱性，但是如果测试的溶液并不是呈碱性，那么我们知道用 PH 试纸来测试，那么它的值就不会大于 7。因此这种推断是直接根据规律做出，而且也都为真。萨蒙指出，"我们将它看作是实质蕴涵句，就是因为它是由在先的断定的，如果前件是真的，只有后件也为真，它才为真，后件若为假，它则为假。但是反事实条件句与实质蕴涵不同，反事实条件句与事实句都是以真理为前提的，这与实质蕴涵的

---

① LEWIS D K. *Counterfactuals* [M]. Cambridge, MA: Harvard University Press, 1973: 232.

形式性不同。"① 也就意味着它们的逻辑形式并不相同，对于反事实条件句如果前件为假，是无法做出判断的，反事实条件分析无法在真理的推断上，给出更为直接的作用。

从语义学的角度来思考关于因果的反事实分析，正如刘易斯所指出的，"我们将事物的原因看作是可以产生出不同的，这种不同是由将会发生的原因造成的，如果没有它，它的结果也将不会产生"②。刘易斯给出反事实分析，实质就是利用可能世界语义学来解释反事实。对反事实来说的语义真理条件根据可能世界的相似性关系，刘易斯提出了很多的可能世界的实在论观点，它们存在着具体的实体，与现实世界相平行。一个可能世界语义学的基本观点是，它是一种借助不同世界间的相似性关系来阐释的。如果一个世界比另一个世界与现实世界更接近，那么这一个比另一个更相似于现实世界。

刘易斯用反事实分析来理解因果，不过普特南批判了刘易斯用"客观相似性"来衡量可能世界与现实世界何者具有更高的相似性，从而确定其真值性，可见这种真值性取决于我们的认识。

泊尔（Judea Pearl）提出用贝叶斯网络和结构方程来构建因果模型，以解释反事实条件句，这种解决思路是依据理论结构、贝叶斯网络和因果事实来分析反事实条件句的真或者概率，同时用因果模型来刻画反事实条件句前件与后件的依赖关系。这种干预理论对反事实条件句的分析有如下的优点：

"干预理论处理反事实条件句的优点是毋庸置疑的。第一，这种研究进路不是建立在假设世界之间相似性的抽象概念的基础上，相反，它

---

① SALMON W C. Causality without Counterfactuals [J]. *Philosophy of Science*, 1994, 61 (2): 302.

② LEWIS D K. *Counterfactuals* [M]. Cambridge, MA: Harvard University Press, 1973: 161.

们直接依赖于产生这些世界的机制和这些机制的不变属性，并直接面对了古德曼难题，刘易斯难以捉摸的相似性被原则性的清晰的干预理论取代；第二，在标准的命题逻辑中，原子句被赋予独立的真值，但是，按照结构方程的干预理论思路，原子语句的真值是由其他原子语句决定的，这可以刻画因果依赖性。第三，通过有效的算法可以推导出原因和反事实条件句的概率，同时可以实现用概率演算为因果和反事实条件句推理以及其他认知过程提供简单的算法，避免了贝叶斯网络处理概率演算的局限性。第四，干预理论可以解决如果给定的反事实条件句是真的，我们如何捕获涉及它们的有效推理模式的问题。第五，干预理论融入了反事实条件句在理性、心理表征、因果关系和科学解释理论中的更广泛的应用。"①

一个干涉主义模型的形式要求一种对不变量或者关系的概括，它们支持干涉主义的反事实条件，但是它并不要求定律形式。在这一方面，像其他的模型，比如 DN 模型，它确实要求对科学的成功解释。考虑到上面的因果解释，在整个因果解释中还是伴随着一种一般概括，至少在一些干涉下，存在着不变的量。正如在一系列干涉下，一个一般的规则是不变的，其他的变化可以帮助我们来回答一系列的是什么为什么等问题。在这方面，这样的一般概括可以被看作是有优先的解释先让——至少这种一般的概括可以比其他的不变量解释得更多。在一系列的干涉下，一般的概括作为一个不变量，它有着数学的形式可以做出精准的预测，我们倾向于将它们看作是自然律。

因果论述对我们如此自然而普通，以致我们描述日常中很多事件与现象都离不开这个概念，普特南赞同了安斯康姆对因果的论述的解释需要，"第一，安斯康姆声称我们在学习语言的过程中学会了使用特殊的

---

① 胡怀亮. 干预理论与反事实条件句 [J]. 科学技术哲学研究，2021，38（5）：47—51.

因果概念。没有这些因果概念，我们根本无法谈论普通对象和普通事件；第二，她声称如果不使用这些特殊的因果概念就无法描述我们大多数的所见、所闻，等（因此她拒斥休谟式的观点——我们无法'观察'到任何因果联系）；第三，她声称'导致'的概念是从这些更为特殊的因果概念中抽象出来的；第四，她不相信分析'原因'概念的方案（将这一概念还原为其他非现成的因果性概念，比如'打破''拾起'，等等）会有机会成功；也许我们还应该加上第五个成分：她并不认为我们最初有任何理由接受任何一种还原论的方案。"①

第五节 因果的形而上学基础

一、心身因果

对于心身问题的研究，一般都会追溯到近代哲学的开创者笛卡尔，他的"二元论"解决方法虽然一直是后来哲学批判的对象，但这似乎是一个绕不开的起点。笛卡尔区分了两类不同的实体，思维实体和物质实体，物质实体具有广延，而思维实体，即思想，这两者具有不同的属性，很难说思想像物质实体一样具有质量、温度、颜色这样的特征。比如我的痛苦具有多少千克呢，我的快乐又是多少摄氏度呢？对于心理类与物理类，直觉上我们也会认为两者之间存在着差别。

如果心理类与自然类确实存在着差别的话，那么应该怎样区分两者？对于心理类所具有的特征，近来探讨的思路，大致可分为以下两种

---

① 普特南. 三重绳索：心灵、身体与世界 [M]. 孙宁，译. 上海：复旦大学出版社，2019：154—155.

路径。第一条路径是从直接觉知的角度，认为心理过程或心理状态，对于发生的主体而言，具有一种特殊的优越性通道。柯克·路德维希（K. Ludwig）指出，"有意识的心理状态的一个突出的特征是：我们对它们有非推理的知识。"① 当我有意识时，我知道我有意识，我是直接觉知的，比如我的疼痛、愉悦、焦虑、悲伤等，我可以直接意识到。因此它是"第一人称的，而且这种状态也是我通过觉察到当下所处的情境，如正处于痛苦中，而理解这种情状的，它是一种正在发生着的思想和欲念。正如托马斯·内格尔所说，一个有机体具有有意识的状态是指，该有机体有成为是什么样子的东西。对于他人的意识状态，我们是依靠其行为推断得知的，因此是"第三人称的"知识，且只能通过推理而认识，与我们对自身的意识状态之间有一种相关的不对称性。

查默斯在《有意识的心灵——一种基础理论研究》中探讨意识时，指出它更接近一种心理状态，或者说是借由形成我们经验的那部分内容，是经验的一种主观品质。"我们可以说一种精神状态是有意识的，如果它有一种定性感觉——一种相关的经验品质。这些定性感觉也可以被称为现象的品质，或者简言之就是感受性。"② 金在权（Kim）和莱维森（Levinson）的观点都将"直接觉知"作为优越的认知通道，但是这种定义方式会使得心理现象太窄了，因为有很多属于命题态度的现象并不是直接觉知的，而是通过转述或解释，也即从言地知道的。③

第二条路径是根据弗朗茨·布伦塔诺提出的意向性标准，将心理类具有的现象看作是"意向性非存在"或"将一个对象意向性地包含于

---

① 斯蒂克，沃菲尔德. 心灵哲学［M］. 高新民，刘占峰，陈丽，等译. 北京：中国人民大学出版社，2014：7.

② 查默斯. 有意识的心灵：一种基础理论的研究［M］. 朱建平，译. 北京：中国人民大学出版社，2013：37.

③ 金在权. 物理世界中的心灵：论心身问题与心理因果性［M］. 刘明海，译. 北京：商务印书馆，2015：3—14.

自身之中"。比如说，我相信这个地球是圆的、我想去喝杯水等心理现象与物理类如桌子、椅子不同，后者不会有信念、愿望等情状。我的心理状态具有指向这个世界，与这个世界相适应的意向状态。用塞尔的话来说就是"它们具有心灵到世界的适应指向"，在这里可以进一步区分，可能有些情形，意向状态并不是意识状态，比如关于三角形内角之和是 180 度，虽然我相信它，但是它并不是一个正在发生着的信念状态，或者更应该说它是一种倾向性。

从以上两种探究路径，我们可以了解到，虽然心理类具有直接感知性及意向性存在的特征，但它与新本质主义从过程的内涵性特征来探讨的自然类，有很多的相似性。如果从倾向性质角度出发，将心理属性看作是表达事物的因果力、潜力、动力和能力这样一些性质的本质，而当存在着一定的激发条件（stimulus）时，这种倾向性质就会表现出来，从而表现出心理类与自然类相似的典型特征——朝向性，一个更客观地表达心理的意向性与自然的倾向性的中性概念。就心身之间存在着什么关系的问题，接下来将对文献中主要存在心身同一论和消除论逐一做出批判，推进心身因果论的进一步研究。

20 世纪 30 年代以来，由于实证主义在哲学中产生的影响，它讲求一切科学理论在于其经验意义上的可证实性。据此，对于心身问题来说，似乎可将意识看作心灵理论的奇异现象，而只能对伴随着意识的物理现象提出一种实验上的验证。由于这种将人类的心理活动等同于大脑的物理活动，因此出现了"心即脑"这种同一论的观点。普赖斯曾这样阐述过心灵与身体两者之间的关系：要么心智状态等同于大脑状态，要么一个因果地依赖于另一个，不能是心智状态既等同于又因果地依赖于大脑的相应状态，即不能两者兼具。

戴维森的观点属于个例同一论，即每一个心理个例都同一于一个物理个例。戴维森认为，如果一个事件可用物理词汇来描述，那么它就是物理的；如果它可用心理词汇来描述，就是心理的。① 同一个事件既可以有心理的描述，又可以有物理的描述。比如我感觉到疼痛，也可以表述为一个 N 类型的神经生理事件，这就表明了每一个心理个例都同一于一个物理个例的含义。进一步说，戴维森认为我们不能将心理类型还原为物理类型，比如我们关于疼痛的描述，不能还原为关于神经状态的描述。因此，他坚持心理随附于物理的观点，认为物理上无差别的各个自主体在心理上也一定没有差别，但强调这并不意味着处于同一种心理状态的各个自主体在物理上也一定没有差别。如上所述，戴维森认为同一个事件既可以有心理描述，又可以有物理描述，但他强调，虽然两者指称同一个事件，我们却不能用神经生物学描述来重构心理学描述。我们将心理状态归属于一个自主体是由于一个人的言行，而将神经状态归属于他的原则是基于一种生物学的判断，这种状态是由于一种物理原因导致的，因此心理状态与神经生理状态并不同一。

莱布尼茨定律指出，事件 a、b 同一，当且仅当，a 与 b 具有所有的共同属性。据此，如果心智状态与物理状态相等同，那么心智属性就与物理属性相同。然而，这一命题却不成立，所以心智状态与物理状态并不相同。但是，类型同一论者，如福多认为，一种心智状态对应着一种神经生理状态。其实，即使"我相信柏拉图创作了《理想国》"等同于我大脑中的某个神经生理状态，也很难相信所有相信柏拉图创作了《理想国》的人都具有和我大脑中同样的神经生理状态。另外，即使所有人类对红的感觉等同于人类的神经生理事件是真的，我们也不能排除这样的可能性，即其他物种有可能对红这种颜色的反映借助于其他类型的神经生理系统。塞尔也曾批判这种期待每一类型的心智状态同于特定

---

① DAVIDSON D. *Essays on Actions and Events* [M]. Oxford：Clarendon，1980：207-228.

类型的神经生理状态，是太过分了。①

有人认为，心智状态作为偶然的、综合的、经验的事实，与大脑状态和中枢神经系统状态之间具有同一性。比如当我感受到疼痛时，它等同于我的 C 神经纤维受到刺激。然而，这种观点经不住常识性反驳。当我们将疼痛这一心理性事件和神经纤维状态的变化事件相等同时，实质是将两个不同的属性即痛苦这一心理属性和神经纤维的物理属性相等同。但是，根据日常的感觉，我们知道痛苦是一种主观的、心智的、内省的特征，而神经纤维发生的变化是一种外在的、客观的、可观察的特征。

斯马特曾回应过这一观点，他认为，我们可以尽量用"话题中立"的词汇来描述心智特征，或者说，可以用现象学方式描述其心智特征，而不涉及对其本质的指称。② 比如我们可以提及柏拉图，而不涉及谁是柏拉图。我们可以说，他是希腊人，是亚里士多德的老师，他著有《理想国》，而不具体到哪一个人是柏拉图。这种方案可以回避是否存在本质这种问题的探寻，但并不意味着不存在本质。对于心智来说，如果我们忽略掉了痛苦、愉快等情感和思想的主观感受，我们通过诸多描述特征知道了柏拉图，但这能不能算我们真正理解了他呢？同行为主义类似，这一说明模式遗漏了心灵的感受性特征，它只是诉诸外在的表现特征，并不能具体解释我们经验的主观心智中的状态。

持消除式唯物论的哲学家，前期有费耶阿本德和罗蒂，他们认为诸如信念、愿望、恐惧、痛苦这些描述心理感受的东西，只是前科学时代心理学虚构的一种实体，它们并不真正存在。罗蒂用"对跖人"来描绘这种状态：在另一个星球上存在着一种生物，他们天生没有我们所称之为的那种感觉、相信、想要等作为心理描述的词汇。这些"对跖人"

---

① FODOR J A. *The Modularity of Mind: An Essay on Faculty Psychology* [M] //*Reasoning*. Cambridge, MA: MIT Press, 1983: 37.

② 金在权，郁锋. 50 年之后的心-身问题 [J]. 世界哲学，2007 (1): 41.

对于生理反应通常都是根据神经状态来表达，比如当靠近火热的炉灶时，他们不会像我们人类一般，说"我感到热"，而是说"我的 C 纤维受到了刺激"。那里的人们有着发达的神经学和生物化学知识，当他们对所处的情境或即将做出的某一行为进行表述时，直接使用与之相应的神经状态，比如"我现在处于 G126 状态，所以我伸出我的手臂"①。因此，在他们那里不会有我们地球人的各种复杂的感觉和心理感受，也就不会遭遇到我们的心身矛盾关系问题。他们对各种外界环境的刺激都直接地一一对应到神经学或是生物学方面的知识。因此，罗蒂认为可以消除传统中的心身对立，相信如果我们地球人有完全的科学知识，那么我们也可以将所有的外界刺激转化为对我们神经学或生物学方面知识的反应，由此就可以消解对外来刺激的无知或产生的观念不能对应心理感受的严格指称问题。

持消除式唯物论的哲学家，后期有丘奇兰德（Churchland），他认为，常识心理学所谈论的如疼痛、快乐、瘙痒等只是一种经验理论，这些假定的实体形如科学上的"燃素""以太"等，当它们的理论被否定后，这些实体也终将只是历史上的假说，并不具有实在意义。② 这个观点太极端了，从消除式唯物论来看，我们从未感到疼痛，也从未感到快乐，从未有过悲伤，也从未有过希望、信念等一系列主观感受，这些都只不过是我们的虚构。塞尔在评价这种观点时指出，消除式唯物论不像早期的唯物论那样遗漏心灵，它在遗漏之前就否认了它们的存在。

综上可观，心身因果观是比较有前景的一种理论。国内关于心灵哲学的研究也在如火如荼地展开，比较普遍的观点是肯定心理之物与物理之物的不同。张华夏在将心身关系中的论题分类阐明后，认为弱物理主

---

① 罗蒂. 后哲学文化 [M]. 黄勇，译. 上海：上海译文出版社，2009：22.
② 斯蒂克，沃菲尔德. 心灵哲学 [M]. 高新民，刘占峰，陈丽，等译. 北京：中国人民大学出版社，2014：71.

义比强物理主义更为合理；钟磊否定了因果排他论，肯定非还原物理主义的正确性。这些观点似乎都一致地指向了心身因果观的合理性。又如高新民在《心性多样论——心身问题的一种解答》中所说，心理现象不是副现象，而是能以原因角色存在和发挥作用。①

笛卡尔赞成因果交感论，他在其第一哲学沉思集中的"第六个沉思"中提出，我可以直接感知内在的身体感觉，当我感觉饿了或渴了，我就知道它需要吃或喝。我也可以自然感知身体周围存在着许多别的东西，然后做出决定，屈就一些，或者躲避另一些。由此可以推知，笛卡尔认为我们的心身关系之所以具有一致性，是由于心身具有因果关联。同样，戴维森也赞同心身之间存在着因果依赖性关系，虽然他并不认为心理事物可以还原为物理事物。另外，心理事物与物理事物之间的普遍陈述是一种异形概括，并不具有似律性，其原因在于翻译的不确定性，所以根本不存在我们能据以预言或说明心理现象的严格规律。但是，戴维森的在心身关系上持有温和因果观，即认为我们假定有些心理事件至少是物理事件的原因或结果。金在权在心身关系问题上的看法，也与此有些类似。

阿姆斯特朗认为，心理概念是一种中间状态，它不同于这些因果作用产生的行为结果，而是处于刺激和反应的中间状态。这一观点与行为主义的不同在于：行为主义将一个心理状态同一于它对外界刺激和做出行为反应的因果作用，由于行为主义对行为本身的肯定，因此否定了心理作用的存在性。阿姆斯特朗的观点却认为处于倾向状态的心理作用是存在的，这种纯倾向性的心理状态具有真实的因果作用，虽然它隐而未发；行为主义者具有还原论观点，它对心理事物做出的解释就是一种还原论的说明，阿姆斯特朗的观点却因为逻辑中立的分析而属于非还原论

---

① 高新民，刘占峰. 心性多样论：心身问题的一种解答 [J]. 中国社会科学，2015
（1）：41.

观点。刘易斯的观点与阿姆斯特朗的观点类似，他们都赞同将整体的心理状态看作是因果作用的占有者。

如果存在一种非物理的原因对物理的东西产生作用，那么既然它不具有时空性质，它是如何对时空中的物理事物产生作用的呢？按照海尔解释心灵影响场的行为，我们可以推知，心灵作用于物体的方式并不是把物体任意转换，而是通过创造和影响时空的界限，从而影响时空中物体的存在方式，进而影响它的行为。心灵虽然没有广延，却有一个确定的位置，从而影响周围的时空区域。似乎物体与心灵之间存在着巨大的鸿沟，约瑟夫·莱文（J. Levine）将之称为"解释鸿沟"，认为心物之间的关系几乎仍然是神秘的。

二、因果力基础主义

现实世界中，因果论述是如此普遍，无论是心物关系，还是物物关系，对于它们的理解和解释都离不开因果论述。关于原因与结果及它们之间关系的论述一直是哲学上的一个主要问题，一个典型的事例就是休谟的因果规则论的模型，他将原因与结果看作是一种前后相继、两相伴随着的观点，当然这种规则论还存在着许多的问题。19 世纪 70 年代刘易斯提出了用反事实条件来分析因，考虑下面的事例，如果将盐放入水中，它就会溶解。在这里我们从具体的事件 C——盐放入水中，和相应的结果事件 E——它的溶解，我们可知事件 E 因果上依赖事件 C：如果 C 发生，E 就会发生，而如果 E 不发生，那么 C 也不会发生。这种对因果的反事实分析目的是为了对因果进行反事实分析，根据反事实句子来分析真理条件，刘易斯发展了可能世界理论，但是这种分析仅是一种逻辑分析，因此从经验的角度来看，它反映的仅是一种想象的可能，并不是现实世界，现实世界的因果遵循的是一种必然性的基础。那么这个必然性的基础是什么呢？根据因果力基础主义者的观点，因果必然性的基础是一种本体论上因果力发挥着实在的作用，也正是这种基础主义的观点，保证了因果推理上的必然性。

因果力基础主义认为，力不可能还原到反事实条件，例如，当盐的易溶性确实可以被反事实地描述，但是因果力的基础主义者否认了盐的可溶性可以还原到这样的或那样的反事实条件。盐可溶于水是由于盐与水所有的力，正是这种本体论的因果力实在性，使得很多表征得以呈现，比如盐的可溶性表现出来是在全程的条件下，盐与其共同作用者水，它们共同的力使得盐表现出易溶性特征。这些条件和它的相关作用者的本质是一种经验上可被确定的东西，它们并不仅仅是一种逻辑上的认识或者关系。

莫纳也分析了这一因果基础的必要性，"可以通过因果条件分析来理解：即当一个物体 x 由于力的作用使得 y 产生了某种特征 P，那么也就意味着 x 使得 y 产生 P。对于 x 来说，它有一个力作为原因，从而 y 产生特征 P 这一结果，因此对于 P 来说，一定有某种原因作用其上，使得它发生，形成一种因果的联结，这个 P 就是那个因果的基础，而使得 x 产生这种现象，实现这一特征的力的作用就承担了一种因果的功能。"① 由此莫纳认为，我们需要给力提供一种基础，这一基础促成了这一现象的实现。

昆斯（Koons）提出一种力的本体论观点，这种观点已经被普朗克和海森伯格注意到了，但是还没有在现代科学哲学中得到广泛的认识，它对于当今的量子革命提供了一种亚里士多德式的形而上学的视角。这种力的本体论正在成为很多哲学家更青睐的一种观点。其中有两种值得关注的概念，即力的形式与过程，这个过程它表征了力，而它的形式则是基于力。对于力来说，普遍表示有两种，一种是积极的力的作用，另

① MOLNAR G, *Powers*, *A Study in Metaphysics* ［M］. Oxford：Oxford University Press，2003：125.

一种是消极的力的作用。这种积极的力的作用使得一个实体可以通过力的过程发生改变，而消极的力作用则是一种潜在的作用。"过程的不断变化预设基础的持续性实体的存在，这个过程中的基本参与者，而且这些参与者都经历了实体形式，它们决定了它们的持续性条件和倾向于做出的改变和运动。"①

普莱尔、帕盖特和杰克森对于因果基础也给出了相似的论证，"对于每一种倾向，我们可以具体化在先的环境和表征，它们一起决定了这种倾向。在破碎这一事例中，粗略地用（敲打，碎裂）组合表示，在水的溶解这一事例中，可以用（放入水中，溶解）组合表示，类似的事例都可以如此。由于这个因果基础，我们将特征或者是客体的特征——复杂性，客体与可操作条件一起使得表征得以实现。"②

因果力基础主义在描述因果事件时，由于因果力可以产生因果的效用，可以给出表征一个整体的论述。比如盐的易溶性，是盐溶解时，在合适条件下，盐与水的共同作用，因此这样的整体性的论述，使得盐的易溶性表现出来。莱斯特（Lassiter）和武库（Vukov）也指出，各个力的表征是倾向于自我显现的，"这种观点源自如果力并不仅仅是一种反事实条件，那么力是直接地趋向于它们潜在的表征的。可溶的个体就是趋向溶解，易燃的个体趋向燃烧等等。"③ 根据因果力基础主义者的观点，即使是一种未溶解的盐，也表征了它有一种力，即它的潜在可溶性，然而这种力的表征也是力自身，因此它自身趋向一种潜在的将来的表征。一般来说，根据因果基础论者，每一个力的表征都是它自身的呈

① KOONS R C. Powers ontology and the quantum revolution [J]. *European Journal for Philosophy of Science*, 2021, 11 (1): 14.

② MOLNAR G. *Powers: A Study in Metaphysics* [M]. Oxford: Oxford University Press, 2003: 125.

③ LASSITER C, VUKOV J. In search of an ontology for 4E theories: from new mechanism to causal powers realism [J]. *Synthese*, 2021, 199 (4): 9794.

现。

因果力基础主义者认为，表征的参与者并不仅仅是彼此相关，而是都共同参与到一种表征的相互作用中，发挥出一定的力量。当盐溶于水时，不仅仅是有水与盐的在场，在一定的条件下，水的力和盐的力共同作用形成了一种表征。在这个因果实现的过程中，可以理解存在着一个"真理的实现者"，正是它促成了因果的发生。而这个真理实现者的承担者就是一种基础的因果力的作用。"对于因果力实在论者来说，表征参与者确实是相关的，但并不仅仅是一种相关。"① 它们实际上都参与其中，通过一种本体论的结构实现出来，而因果力就是整个因果架构的基础或者支撑。

因果力基础主义对于经验的研究来说，也是一种开放的状态，它与经验的结果可以很好地相融，通过经验我们可以将每一种因果力具体化。盐的易溶性，玻璃的易碎性及铜的导电性等，这些易溶性、易碎性及导电性的表征，都可以通过具体的经验的调查来得出其中的每一种因果力是如何发挥作用的，正是这些具体的因果力的有效性，才促成了这些表征的展现。因此因果力基础主义可以与经验性地理解每一种具体的因果力的作用很好地融合，两者具有一致性。莫纳也指出，"我们可以假定因果的存在性，或者将因果力看作是基本的，并由此来分析一些一般的或者是倾向性的语句。我们认为可以将倾向性看作是一些原初的因果力，它们可以作为最基本的特征"②。埃利斯、波普尔等都对这种观点提出了支持性论证，如果这种论证是合理的，那么它的结论也将会是自然的。这个论证假设了，x 有 F，必然这个力使得 x 有 F。

---

① LASSITER C, VUKOW J. In search of an ontology for 4E theories: from new mechanism to causal powers realism [J]. *Synthese*, 2021, 199 (4): 9795.

② MOLNAR G. *Powers: A Study in Metaphysics* [M]. Oxford: Oxford University, 2003: 125.

　　舒梅克也提出了类似的观点，他将特征看作是因果力的集合。"对于特征的倾向主义来说，将特征看作是因果力的集合，因果力可以看作是特征的本质。一个特征的本质就是通过这个客体来例示的，特征就是因果力的集合，它通过因果力来例示这些特征，一旦它例示了这一特征，它也就是因果力。"① 舒梅克将特征看作是一个客体所表现出的相应的行为倾向，而这是一种特征的倾向主义的基础，就是一种因果力作用，他进一步将特征与形而上学必然的规律联系起来，认为它们具有部分同一性。

　　因果力基础主义也可以支持一种因果多元论的观点。一个事物产生一种结果，很少是由一个单独的原因造成的，更多的是由存在着的许多因素共同引起。例如，一幢建筑物发生火灾可以是由电线短路和有氧的环境，因为无氧的环境不会有火。一个具体的结果类型是由一定数量的不同原因导致的。存在着的这些不同的原因联合起来，成为一个充分的条件，产生一种最终的结果。也正是由于这种因果的多元促成性，使得米奇详细地阐述一种因果论证，即这种簇因素可以概括为 INUS（一个非充分的但不冗余的部分形成一个非必要但充分的）条件。这种松散的集合可以形成一个事件的充分原因。"它与因果的规则论观点相比，米勒-麦奇的框架是更为宽泛的，它可以与因果的其他形而上学的解释相调和。根据米勒的观点，簇集合不仅包含积极的条件也包括消极的条件，每一个成员的在场促成了结果的产生。"②

　　因果力基础主义观点虽然是在一种化学或者物理力的背景下发展起来的，例如盐的可溶性的力，花瓶的易碎性的力，铜的易导电性的力

---

① LOANNIDIS S, LIVANIOS V, PSILLOS S. Causal Necessitation and Dispositional Modality [J]. *Philosophia*, 2021, 49（1）：289-298.

② LOANNIDIS S, LIVANIOS V, PSILLOS S. Causal Necessitation and Dispositional Modality [J]. *Philosophia*, 2021, 49（1）：289-298.

等。这种因果力的适用性也可以扩展到心理现象中去，它们导致了一种探索不同的心理力路径。"从一种因果实在论者的观点来看，心理主义的现象相应于心理力的表征，正如化学现象相应于化学力的表征。心理现象也可以被包含在因果力的框架下，掩盖在一种心理力下。"① 现在的工作已经看到很多心理力的这个概念用在心灵哲学中。

举一个信念的心理状态例子来说，我们都相信信念作为一个人经验上自律的表征，可以将他的内在的力展现出来，犹如盐表征它的可溶性时它溶于水。信念准确来说，它是一种力，一种人们心理状态的表征而不是隐藏的。我想大部分人并不同意说一个信念是一种突现的力，或者将它还原到纯粹的物理力，但是几乎所有的人都同意信念是一种心理表征，而不是一种惯性特征，它可以通过一个人的所作所为来进行分析，正是一个人经验上的努力使得他进入一种因果关系。因此莱斯特和武库将力的直接性与心灵状态的直接性相比较，意向心灵状态是直接朝向事物的，你的希望是一个更好的生活，那么它就指向更好的生活，我的饥饿是朝向一个馒头，那么它就指向一个馒头等。因此"这种力的表征也是力自身，因此它自身趋向一种潜在的将来的表征。一般来说，根据因果力实在论者，每一个力的表征都是它自身的呈现。"②

因果力基础主义也可以更广泛地解释很多的心理现象，"对于因果力实在主义者来说，心理表征是一种心理力的产物，正如化学的表征是一种化学力的产物。一般来说，心理和物理的词汇都是有助于因果力实在论者的，正如它对于因果力实在论者来说指称一种相区别的物理的、化学的、神经生物学的力。但是这些区别仅仅是一种浅层次的。对于因

---

① LASSITER C, VUKOV J. In search of an ontology for 4E theories: from new mechanism to causal powers realism [J]. *Synthese*, 2021, 199 (4): 9795.

② LASSITER C, VUKOV J. In search of an ontology for 4E theories: from new mechanism to causal powers realism [J]. *Synthese*, 2021, 199 (4): 9795.

果力实在论者来说，力就是力，它们可以是化学的、生物的、心理的及物理的。"① 借助于因果力的基础作用，我们可以从经验层面来更好地理解心理因果的有效性及具体的表征。

总之，因果力基础主义作为因果的形而上学基础，为我们提供了一种解释因果结构的方法。最后，我们使用了普莱尔的更温和的标准，根据普莱尔的观点，我们人类为了解释世界中那些复杂的现象，寻找那些现象的内在原理，自动地引入了因果这种结构。对世界的因果观点，可以让我们更好地使用经验知识，至于所提到的知识或概念是不是真实的，这要根据我们以多大的合理性来描述这个世界。

---

① LASSITER C, VUKOV J. In search of an ontology for 4E theories: from new mechanism to causal powers realism [J]. *Synthese*, 2021, 199 (4): 9795.

第五章

自然律

第一节　倾向性本质

倾向性这个概念被人们忽略了很长时间，正是埃利斯将它复活了。埃利斯认为，"在我们的理论中，我们试图发现倾向性特征的本质，我们并不是要定义所指的事物。我们指称它们并试图去解释它们"①。比如，柏拉图的《申辩》随附于苏格拉底在法庭上对自己辩护的真实场景，倾向性也是因为客观现象的发生性本质，所以有倾向性作为发生的根据。波普尔早在 1953 年的时候就用倾向性解释来解决概率论问题，他探讨了概率与经验之间的关系，将频率解释为是倾向性。按照量子力学，当一个微观粒子处于某种状态时，它的量值，如能量或动量，一般具有不确定的数值，是一系列可能值，而每一个可能值是以一定的概率出现的。它随附于实验设备及其他背景条件，认为是"实验装置的关系性质"的倾向。玻尔也指出，"无论如何，概率函数本身并不代表事件在时间过程中的经过。它只代表一些事件的倾向和我们对这些事件的知识"②。波普尔所理解的倾向性与现代科学中的统计规律相近，这种

---

① ELLIS B. *The Philosophy of Nature: A Guide to the New Essentialism* [M]. Chesham: Acumen Publisher, 2002: 171.
② 蒋劲松，刘兵. 科学哲学读本 [M]. 北京：中国人民大学出版社，2008: 430.

统计概率所显示出来的是一种随机倾向性。比如当我们抛掷一枚硬币时，我们知道抛掷的次数越多，它的正面和反面出现的次数就越相等，可是无论如何，我们不是预先就知道这一次我们抛出的硬币是正面朝上还是反面朝上，我们所能知道的只是它的概率。这种概率与传统的物理因果必然性规律不同，经典的因果性决定规律，表明原因与结果之间是一种充分必要性关系，而现代概率性事件所表示的只是一种未决定的事件，不完全性结论，即我们永远都无法预测到它的精确结果，得到的只是可能性的预测。这种事物的倾向性与亚里士多德所谓的潜能不同，亚里士多德曾举了下面的例子来说明事物从可能到现实的这种潜在能力，一块大理石有被雕刻成像的这种潜质，一粒种子有最终长成一棵大树的潜能等，他的这种潜能说实际是在一种本体论的基础上来谈论的。金建伟曾从语义学角度指出①，陈康将亚里士多德的潜能从三种意思进行了解读，一是能力，二是可能，三是潜能。金建伟将其延伸为，第一种意义主要是说明事物的运动变化何以可能，即"动变之能"，第二种逻辑上所说的可能性，即"模态之能"，第三种是潜在之能，这最后一种能力是相对于那种终极目的、最高的善来说的，"更加注重非现实性的潜在性"。从倾向性的意义来看，埃利斯主要是指第一种，一种现实性的动力，即变化之源，有时他也会运用第三种含义，来表示一种潜在的、尚未实现出来的能力，不过他还是着重在第一种意义上来使用的。

对这一概念的探讨比较热烈的时期是 20 世纪八九十年代，并因此发展出了功能性解释。像波普尔（Karl Popper）、米勒（D. Hugh Mellor）都坚持倾向性特征的一元论，之后普莱尔（Prior）、帕盖特（Pargetter）在前人倾向性特征的基础上，又提出了将之看成是范畴特征。这种范畴特征可以解释像反事实条件命题，并用来解决经典科学理论中

---

① 金建伟. 论亚里士多德"潜能"的最严格意义〔J〕. 北京科技大学学报（社会科学版），2006，22（3）：158—162.

的理想化问题。斯蒂芬·玛姆弗德（Stephen Mumford）则结合两者并提出一种中性理论，埃利斯的观点与玛姆弗德的很多地方类似，持一种中庸的观点，认为倾向性特征是本质特征，仍旧可同时保留范畴特征。"奎因曾在《指称之根》中指出这样的观点，倾向性是一种物理状态或机械性或者说是一种具体的倾向性，如在水中的可溶解性，按科学理论的术语来说，这就是一种具体状态或机制。在一些事例中，现代所谓的水溶性概念，我们将它理解为是一种物理事实并且可以清楚地将它在其他概念和其他物体的相互作用中安排次序，一旦这种形式达到后，那么我们就能将原来倾向性的概念换成对它的一种新定义。"① 按奎因的说法，倾向性是实质性的，随附着一种对实体的最终承诺，在前科学时期，它是潜在状态，机械性或实体的，当通过科学研究真正理解了这一特征，比如水溶性后，也就理解了这一范畴，并形成对这一水溶性概念的准确定义，所以它本身是一种范畴特征。埃利斯并不同意将其看作是范畴特征，他认为这会导致将自然律认作是附加于事物上，会出现事物的本质是独立于自然律这样的错误观点。所以，他指出自然律在本体论上依赖于事物的倾向性特征，自然律与事物之间是相互联系着的，它们之间并不各自独立。

埃利斯将倾向性看作是"真正的特征"，认为它指的是惯性、能力、易感性等这样的含义的概念，阿姆斯特朗给的定义是一个客体 x 具有倾向性 D，即在环境 C 中它倾向于产生 E 这种结果。倾向性质就是表达事物的因果力、潜力、动力和能力这样一些性质，当存在着一定的激发条件（stimulus）时，这种倾向性质就会表现出来。一个瓷花瓶，它是易碎的（倾向性质）。如果存在敲打它的那种激发条件，易碎的性质就会表现或例示出来。日常中所见的食盐是固体颗粒状的，它有溶于水

---

① MUMFORD S, Conditionals, Functional Essences and Martin on Dispositions [J]. *The Philosophical Quarterly*, 1996, 46（182）: 86-92.

的倾向性，如果存在着激发条件，将它放在水中，它的易溶性就会表现
（manifested）或例示（instantiated）出来。设任何事物 x 具有倾向性质
P，在激活条件 S 下，它具有性质 M，从条件分析中就可得到自然律的
表达式，或似律表达式：$\forall x\ ((Px \land Sx) \rightarrow Mx)$。

亚历山大·波德，认为倾向性指一些基本的自然特征，这些特征本
质上是倾向性的。倾向性特征和自然类过程之间的关系一般可以用自然
律来表示。他还将倾向性分为显性的倾向性和隐性的倾向性。所有的自
然定律具有上面的类律陈述形式，这种由规律所能直接表征的特征就是
显性特征。比如，水被加热时，当温度达到 100 摄氏度时就会沸腾。很
多的倾向性特征，比如易碎性、易熔性、易弯性、易折性等，这种倾向
性特征需要通过解释，比如易碎的，当一个客体 x 经受一定的压力时才
会表现出易碎性这种特征。像一些心理特征如害怕的、希望的等这些心
理状态的表现，也是需要解释处于什么样的环境中，从而易于表现出此
种特征。

第二节　倾向本质主义

埃利斯将自然律的必然性看作是植根于事物的类本质的，这种类本
质是形成这个自然类的特征的核心，如果这个类成员的特征中没有它，
它就不再是此类成员。正如埃利斯所指出的，"事物的自然类的本质是
这个类的成员中没有哪个会缺少的特征，正是它使得这个类的成员归属
该类的本质。"[1]

埃利斯赞同类本质主义者所说的类与本质是相互依赖的。一个类 K

---

[1]　ELLIS B. *Scientific Essentialism* [M]. Cambridge：Cambridge University Press，2001：11.

具有的一个本质特征的集合 $\{P_1, \cdots, P_n\}$，这些本质特征都相应于形而上学的必然规律，即所有的 K 都有 P。相应地，一个形而上学的必然规律，所有的 K 都有 P，因此 P 是 K 的本质特征。

埃利斯将特征看作是力，并基于此推断相应的行为倾向。特征是独立于自然规律的，它们是规律陈述的真理实现者。因为特征是共相，它们在所有的可能世界中保留了其同一性，所产生的规律在所有可能世界中也都是相同的。

利普顿和卡特莱特也论证到，是事物的能力产生的自然律，这解释了为什么一些规律仅仅是在其他条件不变的情况下才能维持，因为这个时候倾向性才会表现。但是这些规律对于他们来说，似乎并不是必然的，他们也没有进一步提供任何论证来表明这一类的事物本质上具有这一种能力。根据倾向本质主义者的观点，倾向性必然会表征的，因为它是类的真正本质。使得一个规律成为必然的，是它本质上的倾向性，比如铜可以导电，对于铜来说，它倾向于导电，如果它缺少这种因果力，它将不会是铜。

埃利斯的本质主义是倾向的，使得一个实体如其所是的，是它倾向于以某种方式来表现。正是这种行为表现的规律定义了事物的倾向性。比如，埃利斯用电子的事例来阐述的观点："如果 a 和 b 是电子，那么它是必然正确的，它们带负电荷。并且，必然地，如果 a 和 b 是带负电荷，它们是内在地倾向于相互排斥的。所以，如果 a 和 b 都是电子，它们内在地倾向于相互排斥对方就是必然正确的。所以它是一个必然真理，并不是偶然的。电子是内在地倾向于相互排斥彼此的。即使在所有的可能世界中，电子内在地倾向于相互排斥彼此。在每一个电子存在的可能世界中，它也不是虚假的真。"① 这种必然性保证了自然的齐一性，

---

① ELLIS B. *Scientific Essentialism* [M]. Cambridge: Cambridge University Press, 2001: 48.

它在任何一个可能世界都是如此表现。正如他举的中子的例子，"一个
粒子是一个中子，当且仅当它倾向于像中子那般表现。它的倾向性特征
来自它的本质。"①

斯洛西（Psillos）认为，埃利斯所持有倾向本质主义实质是两个方
面的联合：一是，特征是本质的，这一点保证了特征的核心品质，即倾
向性的意涵；二是，特征的实质是力，它是积极的，它可以被因果作用
具体化，从而在特定的环境下形成相应的表征，这一点保证了本质形成
的必然性。这两者之间的关系可以描述如下："两个特征 F 和 G 之间的
必然性关系，它们是一种形而上学的必然性，如果 F 例示了其中却没有
G，那是不可能的。这种必然性是一种内在的关系，这种关系随附在关
系的内在特征上，鉴于它们是特征的相关项，因此它们必然彼此相关，
也就是说它们之间存在着一种必然的关系。"② 特征的倾向性随附于本
质的必然性上，当然它们两者都是基础，但是在本体论上，倾向性的实
现是伴随着因果必然性的。不过无论是倾向性还是本质上必然性对于倾
向本质主义来说，都是重要的两个方面，是事物在进行如此表征的不同
呈现。

费恩（Fine）曾批判倾向本质主义者，并没有区分清楚类的本质和
类的必然特征。在克里普克和普特南论证，水在本质上是 H_2O 时，在
任何世界，水都是由 H_2O 组成。相似地，埃利斯认为电子本质上就是
有各种特征的，电子本质上是诸如质量、电荷、自旋的基础，在每一个
世界，它们都有这样的倾向，它们始终都是电子。"根据这样的观点，
这个类的任何一个成员都不缺少本质特征，而本质特征就是所有的成员

① ELLIS B. *Scientific Essentialism* ［M］. Cambridge：Cambridge University Press，2001：
117.
② PSILLOS S. Induction and Natural Necessities ［J］. *Journal for Philosophy of Science*，
2017，48（3）：328.

都有的那个特征。"① 似乎倾向本质主义者更愿意将类的本质看作是一种先验的共相，它在本体论的意义上使得"所有的 F 是 G"。但是埃利斯提出了质疑，"本质特征就是那个类成员所不能缺少的。因此，'所有的 F 是 G'是这样的事实，'所有的 F 不能不是 G'，这是一个形而上学的必然判断。但是这是事件的模型状态，我们也可以称本质为一种模型事态，但是它不能被看作是本体论最基本的。"② 埃利斯更倾向于将必然性看作是一种内在的必然性，正是基于此，他将这种必然性看作是事物天然所具有的，而本质则是一种表征，是它所属类在本质上的倾向。

对于本质特征的辨识，舒梅克给出一种判决，我们需要规律来决定那些有条件的力的集合，使它们形成真正的特征。这个论证是那些有条件的力的集合，它们是一种原因的联合。它们根据因果律而共变，这些条件是真正的特征，并不是人为划分的特征，更不是人为强加的特征。确实根据这种观点，我们不能消除规律，由于客体的力的条件。正如埃利斯所说，"规律并不是存在于世界的事物，它们是对于世界而言正确的事物……对于相关自然律的真理实现者，我们认为它们就是基本的倾向特征。"③

波德进一步发展了倾向本质主义，持一种更强的必然性观点，认为自然律从类的本质来看，是具有形而上学必然性的。他论证到盐溶于水，它们不仅仅是由于盐与水的原子结构，盐溶于水是由于库仑定律，它描述了带电粒子是如何相互吸引的。同样的，库仑定律，对于盐的存

---

① FINE K. Essence and Modality：The Second Philosophicl Perspectives Lecture［J］. *Philosophical Perspectives* 8, 1994：1-16.

② DREWERY A. Essentialism and the Necessity of the Laws of Nature［J］. *Synthese*, 2005, 144：385.

③ ELLIS B. *Scientific Essentialism*［M］. Cambridge：Cambridge University Press, 2001：128.

在来说，也是必然的，没有这个规律的，那么氯化钠的离子结构不可能存在。或者是在另外的可能世界中，无论盐是不是存在，库仑定律或者类似的定律都将是正确的，因此，盐将会溶于水。这个规律所以是形而上学必然的，但是这个必然的真理，是一个纯粹经验的主题，盐的存在依赖于库仑定律或者类似的定律，需要通过经验来发现。

由于自然律的形而上学的必然性，它在一定程度上可以帮助我们应对归纳难题。"如果一个人相信，正如休谟所做的，所有的事件都是松散的、分离的，那么归纳的难题就是不可解决的。任何事情都会发生。然而，如果一个人认为，正如科学本质主义者所做的，自然律是内在于世界的，依赖于事物的本质的，那么对于可能会发生的就会有强大的约束。鉴于这些限制，归纳的问题可以被很好地解决。这些限制很大程度上加强了概念和理论保守主义的事例，并基于一种对世界的相对描述排除了古德曼式推论。它自身并不能解决这个难题，但是它重要的是改变了它的本质。"① 特征是有它的本质的，它融合形而上学的必然性。正如斯洛西所论述的，"力是 F 的本质，它产生了 G，只有 F 例示，那么就会有 G，不仅仅是在现实世界，而且在可能世界。这种必然性关系表明了归纳问题不仅仅在现实世界中被解决，而且在所有的可能世界也如此。存在着 F 与 G 的规律的联结，这个规律是形而上学必然的，那么不仅仅是未被观察的，同样可能的 F 与 G 都有这种联结。"②

---

① ELLIS B. *Scientific Essentialism* ［M］. Cambridge：Cambridge University Press，2001：283.

② PSILLOS S. Induction and Natural Necessities ［J］. *Journal for Philosophy of Science*，2017，48（3）：329.

第三节 自然律和必然性

传统的观点认为自然律是由外部强加给自然界的，像笛卡儿、牛顿等就认为自然界的行为规律是由上帝决定的。休谟主义认为，自然界有自然定律是这个世界自然的原始经验事实，是不可解释的。现在埃利斯的倾向本质主义提供了一种新的进路来理解自然律，认为它应该是由自然类的本质结构决定的。从本质主义的观点看，整个世界的基础是由不同自然类组成，所以一切自然定律都由各种自然类的特征和各种自然类之间的关系来决定。两个特征 F 和 G 之间的必然性关系，它们是一种形而上学的必然性。

与之不同的是，阿姆斯特朗提出，两个不同特征之间的必然性应被看作是偶然的，在其他的可能世界两个特征之间的关系并不如此。"作为一种偶然的事实，关键是它两个不同的共相之间的关系，它们是一种外在的关系，它们并不随附于两个相关的共相的内在特征上，所以它们独立于那些共相的内在特征。"① 鉴于不同特征 F 与 G 之间的这种联结，它们的个例可能也会有这种联结，在可见的物理世界中它们具有，但是在可能世界中，它们并不具有。F 与 G 之间的必然性并不是一种形而上学的必然性，仅只是一种偶然的必然性。

所谓偶然的必然性，阿姆斯特朗只承认共相之间的关系，而自然律中的必然性就是共相之间的必然性，他认为自然律并没有向我们提供个体例示的必然性。按照张华夏的理解，在阿姆斯特朗的理解中，具体事物或事物所有的特征及这些事物或者特征之间的关系属于一阶事态，而

---

① PSILLOS S. Induction and Natural Necessities [J]. *Journal for Philosophy of Science*, 2017, 48 (3): 328.

共相及共相的特征之间的关系属十二阶事态。一阶事态所具有的关系是由二阶事态决定的，在一阶事态中所具有的必然性关系，不一定在二阶事态中也存在，因此它是偶然的。① 因此，共相如若并不改变，但是它们的外在关系是可能，外在的关系并不是共相的同一性的一部分，如果它们是，那么这种必然性的关系就不是偶然。但是并没有一个额外的原始事实使得两个特征之间的偶然的必然性关系成为跨时空同一的，预设的共相并没有为例示的具体事物之间的关系提供一个更好的解释。

很多传统的哲学家，虽然赞同自然律在某种程度上是必然的，内在于世界的，自然律在所有的可能世界中都是正确的，正如形式逻辑和分析前提一般，但是他们可能并不太赞同这种形而上学必然性，认为它太强了。而埃利斯指出，"……所以没有严肃的反驳观点，接受这种强的观点，即自然律都是形而上学的。自然律的更为具体的规律，因果的和结构的规律，依赖于因果力和这个世界存在的具体类的结构和因果力。它们无疑都是形而上学的必然的。本质主义者论证更一般的自然律是同类的规律，但是因为我们是与世界相捆绑的，我们不能站在世界之外来指派我们所属的这个世界的自然类。我们仅仅能内在地指派它，预设它是一个类，指向物体、事件、结构的类，它们事实上存在于我们的世界，并且认为它们的本质也是如此。如果我们关于这些事情是正确的，那么我们就可以断言存在于这个世界的关于这些事物的最一般的类也必然将是正确的。"②

如果类本质是绑定的，那么根据这种模型本质，客体之间必然联结的模型，自然类和过程也是绑定的，这些是这些实体同一性的部分，所

---

① 张华夏. 科学的结构：后逻辑经验主义的科学哲学探索［M］. 北京：社会科学文献出版社，2016：285.

② ELLIS B. *Scientific Essentialism*［M］. Cambridge：Cambridge University Press，2001：256.

以无论它们的实体怎么变化，它们都保持着不变。

斯洛西指出，这种对自然律的形而上学必然性的处理，一方面如前文所提出的可以很好地解决归纳问题，另一方面作为一种最佳解释推理提供了对自然律演绎关系的解释。这种形而上学的必然性可以进行演绎推理，也没有时空限制，可以在不同的可能世界呈现出一致性，就能始终保持两者的必然联结，因此这是一种对已经观察到规则的最佳解释。"在这个论证中，规则的外延就是由一个必然的联结来给出的最佳解释。正如福特所指出的，过去的规则确实是，通过最佳解释推理，承担了一种未来持续性的基础。"① 也就是说，最佳解释推理是基于更强的结论，它从已观察到的一般概括，可以进一步延伸到在所有世界均成立的全称陈述，即"所有的 F 是 G"是正确的，最佳解释推理是一个更宽泛的推论，它更关注的是证实。

虽然海伦·贝贝指出这种解释并不成立，因为没有额外的内容可以给无时空限制的全称陈述提供基础，因此她更赞成一个有时间限制的必然性是一致的。但是斯洛西反驳到，"有时间限制的必然性与无时间限制的必然性在理性上是不同步的。有时间限制的理性首先可以做出最佳解释推理并得到 N（F，G），然而它为了得到 N（F，G）只能做出一个非法的归纳。"理性上说，最佳解释推理更支持无时间限制的全称陈述。埃利斯后来将这个难题归结到认识论中去，他提到，"从科学本质主义的观点来看，所有的科学推论最终并不仅仅是所观察的规则，而是关于自然类的预设的可证实性。"

---

① PSILLOS S. Induction and Natural Necessities［J］. *Journal for Philosophy of Science*, 2017, 48（3）: 331.

第四节 自然律的解释

一、自然律概念

在当代科学哲学中自然律的问题一直是哲学家关注的焦点，阿姆斯特朗（D. M. Armstrong）写道，"'什么是自然律的问题'是科学哲学的一个核心问题，但它的重要性已经超出了一般认识论和一般形而上学所制约的范畴。"① 在开始讨论自然律的两种传统基本观点和研究进路之前，我们先来看一下这些传统对自然律的解释观点提出的背景。

"自然律"这个概念起源于古代的自然哲学思想中，自然界万事万物的变化都遵循着一定的规律，在古希腊时期自然哲学家赫拉克利特借助神谕表明自然界的规律之必然性，比如他认为太阳运动轨迹的规律性就是神所颁布的必然律：如果太阳不服从神律而越出了轨道，惩罚就会落到它头上。德谟克利特开始使用了因果的概念，认为"万物生成的原因是涡旋"，"万物都出于理由按必然生成"。② 哲学的集大成者亚里士多德在他的《形而上学》一书中，将万物的本原统筹在由"四因说"即将原因分为质料因、形式因、动力因和目的因四种，在整体性的层级式的因果体系中，将整个自然的运动解释为是朝向最高善的活动，使得自然界统一成为有目的、有秩序、和谐运动着的完整图景。在中世纪的欧洲，人们也普遍认为，人类的行为活动受一种客观而永恒的形式制约着，这种形式是基于一种自然的理性。由于布鲁诺、伽利略等一些自然

---

① ARMSTRONG D M. *What is a Law of nature?* ［M］. Cambridge：Cambridge University Press，1983：3.
② 苗力田. 古希腊哲学 ［M］. 北京：中国人民大学出版社，1989：164—165.

哲学家对自然界现象进行了研究，他们在运动和守恒原则下，构想出了自然律这一概念，即某类发生在世界上的变化原理或是存在着的平衡状态。① 文艺复兴之后，自然律的研究不再局限于机械运动中，它被扩展到自然界的对象、事态或事件。17 世纪牛顿所发现的运动三定律、万有引力定律及惯性定律都说明了这种自然界的现象之间存在着内在规律指引着它们的动力。这一时期，正如恩格斯所说，"自然界不能是无理性的，这对于希腊人已经是不言而喻的了。"② 以牛顿、拉普拉斯为代表的自然哲学家，认为整个宇宙被一种强机械决定论设计好了，宇宙的现状就是它先前状态的结果以及它的后继状态的原因，宇宙已经运行在完美的法则之中了。因此自然科学的根本任务就是揭示出这种自然界的规律性，这种不仅可以令我们知其然也能知其所以然的因果性和必然性的知识，便是科学研究所追求的首要目标。

什么是自然律？大卫·休谟认为，我们的知识只是靠从经验观察的事例中归纳推导出来，而所有未曾经验到的事例，它的出现类似于过去的经验事例，那么由这些事例所获得的也只不过某种恒常联结而已。即使那些总是一起发生的事件，如蜡烛加热熔化，木头燃烧冒烟等，这些连续发生的可观察事件之间也并不一定具有因果必然性联系。于是休谟得出结论，"它们似乎是集合在一起的而不是联合在一起"，③ 他也提到"在形而上学中，最含糊的、最不确定的各种观念莫过于动力（power）、力量（force）、能量（energy）或必然联系（necessary connec-

---

① HALL A D. *The Scientific Revolution* 1500-1800 [M]. London: Longmans Green, 1954: 314-326.
② 恩格斯，等. 自然辩证法 [M]. 北京：人民出版社，1971: 200.
③ HUME D. *An Enquiry concerning Human Understanding* [M]. Oxford: Oxford University Press, 1999: 144.

tion)，我们最多也只能用恒常的规则性（regularity）来替代必然性"，①
这个观点后来发展为对定律的规则性说明，规则性说明也被称为是
MRL 解释（Mill-Ramsey-Lewis），这种新规则论解释是基于休谟主义对
因果必然性的批判而发展起来的新规则主义（Neo-regularist）。另一种
是关于自然律的普遍必然性解释，也被称为是 DTA 解释（Dretske-
Tooley-Armstrong），认为自然律是由普遍物（共相）的自然属性之间的
必然关系决定的一种物理必然性关系。先来看第一种观点。

二、规则论解释

首先是第一种 MRL 对规律的观点，由新规则主义者密尔、拉姆齐
（P. P. Ramsey）和刘易斯（D. Lewis）为代表发展而来。为了从休谟所
认为的关于世界事实的偶然陈述中将规律陈述区分开，密尔和拉姆齐指
出了定律在一个演绎理论陈述中具有其必然性，但这种必然性是逻辑必
然性而不是物理必然性。之后，刘易斯做了进一步的研究，提出了一种
更为精致的规则性观点。刘易斯认为，休谟给出前后相继性的因果说
明，"我们可以遵照（对象往常与类似的对象集合在一起）这种经验，
将原因定义为一种由另一种对象随之而来的对象，可是与第一对象类似
的对象，都出与第二对象类似的对象随之而来。换言之，如果第一对象
不存在，第二对象也不存在。"② 刘易斯指出，休谟在这里给因果相随
或因果依赖下了两个定义，第一个"前后相随"的定义例示了一种规
则性。在今天，这个主张已有了改进，我们试图将当作因果律的规则性
和偶适概括的可能性区分开来，在这种规则性之下，它所包含的因果系

---

① HUME D. *An Enquiry concerning Human Understanding* ［M］. Oxford：Oxford University
Press，1999：135.

② HUME D. *An Enquiry concerning Human Understanding* ［M］. Oxford：Oxford University
Press，1999：146.

列亦不是可以通过完全相似而得到满足的，我们允许一个原因只是一个整体的不可或缺的组成部分。这个整体由结果依照定律而伴随它。在对规则性的分析中，原因被定义为，在给定定律下的对于结果存在来说联合起来是充分的最小实际条件组的任意成员。比较精确地说，"令 F 为关于 f 存在的命题，并令 G 为关于 g 存在的命题，按典型的规则性分析，f 引起 g 当且仅当（1）F 与 G 都为真，和（2）对于某些真定律和命题集 L 和某些真的特殊事实命题集 E 联合起来蕴涵 $F \supset G$，尽管 L 与 E 的联合并不蕴涵 G，而 E 也并不单独蕴涵 $F \supset G$"①。刘易斯对因果关系进行了规则性的分析，将定律加入因果关系的分析中，但是，更为重要的是，刘易斯认为，休谟在上述的引文中做出的第二个因果定义，即对因果性做出反事实条件句的分析。休谟说，如果第一个对象，可以看作是原因 c，那么第二个对象，可以看作是结果 e，也就不存在。刘易斯将这个命题做出反事实条件语句的分析，他指出，这里给出原因命题 F 和结果命题 G，我们就有反事实条件句 "F□→G"。通过刘易斯的这种因果性的规则分析，通过给出 F□→G 语义解释，我们可以得到 F□→G 蕴涵实质条件句 $F \supset G$。比如，"如果你用力敲打玻璃，那么它就会破碎"，这个反事实条件句蕴涵着下面的实质语句，"凡被用力敲打的玻璃都会破碎"。

"这种因果系列，例示了一种规则性"，在这种规则性之下，两个先后事件是可以通过不完全相似性而满足，原因一般可被定义为是为了产生相应的结果的事件，所需的现实条件最小。从命题角度来分析刘易斯的观点，即命题 F 且 F 存在，命题 G 且 G 存在，那么 F 引起 G，当且仅当（1）F 和 G 都正确，（2）非空集合 F 和 G，都由具体事件形成，并且联合，且任一单个事件不能引发 $F \supset G$。如果 F 属于一个最小

---

① LEWIS D. Causation, Journal of Philosophy [J]. The Journal of Philosophy, 1973, 70 (17): 556—557.

的条件集合，从而满足激发 G，因此 F 对 G 而言，可能是一个真正的原因。实质上，这个因果发生性分析是由下面的逻辑必然性命题来推论出来的。给出两个命题 F、G，F□→G，这样一个反事实推理，命题形式是：如果 F 正确，那么 G 也将应是正确的，□→被定义为逻辑必然法则，因此 F□→G 为真，当且仅当（1）并没有非现实的可能 F 世界，及（2）一些 F 世界，G 居于其中比任何 F 世界 G 没居于其中的都更接近。通过 F□→G 则有上面的推论，即 $F \supset G$。由以上来看，对刘易斯来说，关于世界事实的规律陈述都可以通过这样的逻辑必然性推理纳入一个理想化的、简单而有力的演绎理论体系中，从而被假定为可观察命题的规则性陈述，而规律由此就可以被看作是表达了真正的规则性的普遍真理。例如，"如果任一物体是金属，那么它必然能导电"，由这样的反事实命题必然可以推出，下面的规律性普遍陈述，"所有的金属都能导电"，根据前者必然能推出后者，后面的普遍陈述性命题就具有了一种律则上的必然性。因此科学规律被看作是普遍陈述命题，从而为经验性观察提供一种模型规则性解释。

范·弗拉森也认为，一项充分的自然律理论须同时解决下述两个问题，一是"推论问题"（problem of inference）：自然规律"必须表明，能够从规律所是的东西有效地推论出世界中存在着的经验规律"；二是"确证问题"（problem of identification）：定律理论"还必须确证究竟是世界中什么相关的方面造成了自然律"[①]，也就是 MRL 解释解决了必然的推论问题，但却没有解决确证难题。刘易斯给出的对于因果必然性的分析，仍旧是基于决定论的一种工作，不过并不是一种普遍因果性或普遍预测性，而是普遍的自然律并不存在于任何在某些时间里相似，然后不同的两个可能世界，在那些世界里这些规律从没有违背。他认为在规

① FRAASSEN B V, Précis of Laws and Symmetry [J]. *Philosophy and Phenomenological Research*, 1993, 53 (2)：411.

则性分析中引入反事实条件句，这并非违背决定论而允许非决定论，只是会导致一些非决定性的事件，这些非决定性的事件为普遍性陈述的真假制造了一种不确定性难题。米歇尔·费恩斯（Michael Ghins）认为，刘易斯将认识论标准即规则性与原理形式相铰接在一起，"很少有理论在刘易斯的意义上是原理性，即使在物理学中，也很少有理论课被原理化。"① 另外，当一个原理是可使用的时，一些相对的，在原则上也都是可能的，原理化确实可以在简单性和力度上达到一种最大的平衡，但是所有的可能都原子化，简单性、力度和平衡性的特征也不能以一种充分准确和客观的方式被列举。

另外，根据上面的推论，明显可以看到 F 反事实地依赖于 G，比如我的行为依赖于我的意愿，我的印象依赖于我的感觉。刘易斯后来将这种依赖性划归为反事实的依赖，因而保留了因果必然性，也就没有动摇因果决定论，他将 F 看作是一些事件 f_1，f_2，……的集合；将 G 看作是 g_1，g_2，……的集合。这样 F 对 G 的依赖实质上是一些 f 事件对另外一些事件 g 的依赖。对这种依赖性，亚历山大·波德（Alexander Bird）认为，规律对由具体性事件形成模型的依赖，使得我们得出了规律和具体事件的错误性关系，"规律应该直接说明或者解释个别事件的实质，而不是反之"②。其实刘易斯对因果性的定义，更确切地说，是一种可还原性关系，F 和 G 是两个现实性事件，没有 F，G 将不存在，那么 F 是 G 的原因，此时可以直接由 F 来取代 G，用符号 ≡ 来表示，即 $(x)(Fx \equiv Gx)$。形如"所有不结婚的男人都是单身汉"，这种命题只是对概念本身有价值，只有内涵，没有外延，只是一种语词上的定义。这种因

---

① GHINS M. Laws of Nature: Do We Need a Metaphysical? [J]. *Principia an International Journal of Epistemology*, 2007, 11（2）: 127–149.

② BIRD A. *Nature's Metaphysics*: *Laws and Properties* [M]. Oxford: Oxford University Press, 2007: 2.

果性最后其实已经失去了它的实质性含义。

以上分析使我们在刘易斯那里看到，他将因果事实还原为某种结果怎样发生，以及什么定律支配它的发生。到底是什么自然定律在因果关系的背后支配着因果关系的出现呢？有一些学者认为这个背后的自然律就是能量守恒和转换定律，因而因果关系就是由能量的转换形成，马利奥·邦格就持这种观点。杜威与萨蒙提出，因果关系实质上就是守恒量的转换，这些都说明了物理定律在因果性和反事实条件论证中的作用，刘易斯的继承者这样讨论自然律与因果性之间的关系是很有局限的，或者说，它只能解释微观物理学的现象，但是对于宏观的现象世界，例如蝴蝶效应中所表示的现象，局部的一个微小改变，会带来整体上的巨大变化这种事件，则很难单单用能量之间的转换这种简单的自然律来加以说明这两者之间的因果过程。刘易斯所缺乏的就是这种必然性的进路，定律必须有一种必然性，这种必然性可以解释一个事件及其条件的联合必然会导致另一个事件的出现，这就需要研究必然性学派对自然律的基本观点。

三、普遍必然解释

自然律的普遍必然性解释，也即 DTA 解释，由卓思克（Fred Dretske）、阿姆斯特朗（David Armstrong）、托利（Michael Tooley）为代表提出的。继续来分析上面由路易斯分析的命题 $F\square\to G$，卓思克将它表示为由一些事实陈述形成的集合，那么普遍真理陈述命题可以改写为如下表达形式，即：$(x)(Fx\square\to Gx)$，他们认为一个科学规律就是一个普遍陈述，它们表述的是一个非经验事实，也就是一种普遍特征之间的必然关系，这种必然关系假设用 N 来表示，比如，下面这个物理规律，所有的金属能导电，这个规律是从"是金属的"和"能导电"这两个普遍性特征之间的律则必然性关系中演绎出来的。因此，N（F,

$G) \rightarrow (x) N (Fx\Box \rightarrow Gx)$。正如卓思克的分析，由前者 $(x) (Fx \supset Gx)$，并不能直接导出 $(x) (Fx\Box \rightarrow Gx)$，这种推理会导致悖论。① "所有的 F 是 G"，与"如果这是 F，它也将是 G"，并不等价。例如所有袋子里的球都是蓝色，并不保证这是一个红球，如果它在袋子里，它将是蓝色的。因此这个事实也表明了这样一个真相，"所有的球在袋子里，并且都是蓝色。"并不表明我们不可能制造出一个蓝色的或者其他颜色的球，在未来的某一时刻或者在之后的某一时刻，我们在某处发现一个新的其他颜色的球。规律告诉我们的是，那种已经完全被确证的事实，但是对我们而言，总有一些未被检测的新实例在发生着，总有些新的变化在产生着，我们总试图用规律去做些预测，而这会导致错误。这一点类似于亨普尔提出的"乌鸦悖论"。因此可以看到前面的公式中，DTA 的解释就在 $(x) (Fx\Box \rightarrow Gx)$ 这个必然推理命题中加了一个必然性关系大写的 N 来表示，即 $(x) N (Fx\Box \rightarrow Gx)$，这样这个必然性关系就变成一种共相性关系，从整体上来看的普遍物之间的关系。

当然在继续这种推理 $N (F, G) \rightarrow (x) N (Fx\Box \rightarrow Gx)$ 之前，我们必须引入古德曼对自然类与人工类的划分，因为，那些包含一些非自然的分离性谓词的陈述性命题，即形如"x 是 N 当且仅当 x 是 F 或 G"这样的谓词，容易导致古德曼的"绿蓝悖论"。古德曼曾将"Grue"定义为：Grue (x) 成立对于任一个体 x，当且仅当，[x 在 t 时刻前被观察并且 Green (x) 成立] 或者 [x 在 t 时刻前未被观察并且 Blue (x) 成立]，因此普遍陈述"所有的祖母石都是绿色的"和"所有的祖母石都是绿蓝色"，都能很好地且已经被经验性证据证明，但是仅有前一类陈述可被看作是规律，因此后面非自然的，不像自然属性，并不指称真正的特征，并且"切在自然的节点上"。区分开了自然属性后，阿姆斯

① DRETSKE F I. Laws of Nature [J]. *Philosophy of Science*, 1977, 44 (2): 248-268.

特朗将自然律看作是包含了自然属性的规律，并把"共相间的必然关联"规定为高阶的共相关系，而把符合定律的具体情况当作对低级的例示，以此来构建必然性关系。我们可以看作下面这个推理 $N（F，G）\rightarrow（x）N（Fx\square\rightarrow Gx）$ 中，Fx 到 Gx 的关系成为了一种共相内部的必然性关系。比如牛顿定律、爱因斯坦的广义相对论，两者都是科学定律，前者被看作是在平直空间内有效，后者是当空间的曲率大于 1 时，都被看作是正确的。爱因斯坦理论实际是在引入一种更大的共同体中，这样一些新的理论被整合进科学规律中时，他就可以解释更多的实验结果，及预测更多的新的实验事实，从而被很好地确定，经受住更多的检验。这些新的理论的引入并非是消除了之前的理论，而是在使得理论之间形成一种互补性的共存关系。因此，科学规律并不是像"悲观归纳论者"所认为的，历史所提供的只能是些错误历史的清单，依据那些过去错误性的归纳理论，我们对未来的理论的真理性也只好持悲观的态度。阿姆斯特朗强调指出，我们仍旧可以给出一种"最佳解释的推论"来表达科学理论近似为真的立场。

当这样理解表达式时，DTA 的解释还有一个优点就是，必然表达式可以转为均是特征的类 F 导出类 G 之间的特征性关系，因此规律性描述就可以解释为是不同的类的特征之间的关系，类的特征之间的必然性关系，是由高阶的属性关系来保证的。例如，如果苏格拉底是一个人，那么苏格拉底必然是一个生物，因为人这一物种，是生物属的次级类。阿姆斯特朗也指出，对于规律的必然性 N，必须以具有例示性作为一种基本原则，有可能存在世界，在那样的世界里没有 F 和 G，即 N 没有所指，像劳丹列出了一个包含着"过去理论的名单"，如文学的晶体球理论、医学体液理论、静电流体理论、化学素理论、热质说、生理学的活力理论、光学以太理论，这些理论曾一度被视为成功的规律，并且是富有成果的理论。这些理论中曾被认为"真实"存在着的理论实体，即晶体球、体液粒子、流体粒子、化学素、热质、活力素、以太等，都被后来的科学发展送进了历史的坟墓中。① 同时阿姆斯特朗指出"这些普遍物，是从事态中得来的抽象物，不仅仅是实在的，而且不能独立于事态而独立存在"②。比如，苏格拉底是一个人，是依赖于苏格拉底存在这个事态的。正如埃利斯所评论的 DTA 的解释，"规律被看作世界类的特征，或模型之间的一阶关系，因此它们的必然性关系要求一种普遍物之间的二阶关系来加以保证，因此解释的方向是从上而下，即从二阶的关系到一阶的共存关系。"③

从上面的阐释中可以看出，DTA 的解释解决了范·弗拉森对自然律的第二个要求即确证性问题，但是却没能解决推论性难题，即由 N (F, G) 到这种必然推理 $(x) N (Fx\square \rightarrow Gx)$ 的关系。埃利斯认为，"这种必然性关系自身不能创造出一种在相关联系着的事物之间的必然联系，这犹如一个人叫'Armstrong'（肌肉强壮）的人，就会有强壮的二头肌一样的力量"④，意指这种贴标签式的做法并不能解释普遍物之间的必然关系实质。而且根据阿姆斯特朗的理论，这个必然性关系是原始的，未被分析，如果将这种普遍物之间的高阶秩序看作是，具有必然性关系 R_1，从而为次级的特征 p，q 之间建立关系 $R_1 (p, q)$，但这样会有陷入无穷后退的危险，因为，R_1 与 p，q 之间的关系需要另外的 R_2 来保证，然后又会需要 R_3，R_4，……，这样必然会导致无穷后退，这

---

① LAUDAN L. A Confutation of Convergent Realism [J]. *Philosophy of Science*, 1981, 48: 47.

② ARMSTRONG D M. *What is a Law of Nature?* [M]. Cambridge: Cambridge University Press, 1983: 165.

③ BIGELOW J, ELLIS B, LIERSE C. The World as One of a kind: Natural Necessity and Laws of Nature [J]. *British Journal for the Philosophy of Science*, 1992, 43 (3): 376-377.

④ BIGELOW J, ELLIS B, LIERSE C. The World as One of a kind: Natural Necessity and Laws of Nature [J]. *British Journal for the Philosophy of Science*, 1992, 43 (3): 377.

种方法仍是没能解决自然的问题。埃利斯还批评这种解释，我们没有理由将一些关系的集合看作比另外一些特殊。在普遍物的特征选择上，应该将何者看作具有决定性及先验性的特征，从而具有推论出其他特征的逻辑必然性关系？因此这一对自然律的解释也仍是存在着许多难题。

第五节 倾向本质解释

在对自然律的进一步研究中，出现了一种新的对自然律的解释，被称为倾向本质解释。为了与前文的梳理形成一种对称性关系，对自然律的这种新解释，也将之简称为是 SEB 解释（Swoyer—Ellis—Bird），以斯沃耶（Chris Swoyer）、布恩·埃利斯（Brian Ellis）和亚历山大·波德（Alexander Bird）为代表，这一观点斯沃耶最初加以应用，埃利斯发现了它的魅力，有意识地加以了发展，之后波德更是将之推向了极致，因此采用 SEB 解释这种用法。

与前文中 DTA 的解释不同，埃利斯指出"根据我们的论述，规律是从所表达的陈述中衍生而来的，根据这种解释，规律蕴涵在那些表达了真正本质和所包含的类之中的，因此解释的方向是从底端出发向上，从事物所有的特征来解释规律"。① 因此 SEB 的解释是一个自然类具有倾向性特征可以用（S，M）的到来加以表示，设任何事物 x 具有倾向性质 P，在激活条件 S 下，它具有性质 M，从条件分析中就可得到自然律的一般表达式：$\forall x ((Px \wedge Sx) \rightarrow Mx)$。当存在着一定的激发条件时，这种倾向性质就会表现出来。一个瓷花瓶，它是易碎的（倾向性

---

① BIGELOW J, ELLIS B, LIERSE C. The World as One of a kind: Natural Necessity and Laws of Nature [J]. *British Journal for the Philosophy of Science*, 1992, 43 (3): 371-388.

质）。如果存在敲打它的那种激发条件，易碎的性质就会表现或例示出来。日常中所见的食盐是固体颗粒状的，它有溶于水的倾向性，如果存在着激发条件，将它放在水中，它的易溶性就会表现或例示出来。与阿姆斯特朗的共相解释比较，波德实质是将这种共相用一种本质倾向性来表征，也即这个普遍物的典型性特征。

波德认为，倾向性可认为是一些基本的自然特征，这些特征本质上是倾向性的。倾向性特征和自然类过程之间的关系一般可以用自然律来表示。他还将倾向性区分为显性的倾向性和隐性的倾向性。所有的自然定律具有上面的类律陈述形式，这种由规律直接表征的特征就是显性特征。比如，水被加热时，当温度达到 100 摄氏度时才会沸腾。很多的倾向性特征，比如易碎性、易熔性、易弯性、易折性等，这种倾向性特征需要通过解释，比如易碎的，当一个客体 x 经受一定的压力时才会表现出易碎性这种特征。像一些心理特征如害怕的、希望的等这种心理状态的表现，也是需要解释处于什么样的环境中，从而易于表现出此种特征。波德是强本质倾向主义者，认为规律命题都可以由倾向性特征推论出来，埃利斯对倾向性程度弱一些，认为还有一类诸如时空关系等这类范畴特征也在其中发挥一定的作用。

如果我们用反事实条件语句来分析和定义倾向性质，则有：x 具有一种倾向性质 D 就是当 x 具有 D 的激发条件 S 时，就必然会出现表现性质 M，即 (CA) D (S, M) $x \leftrightarrow (Sx \ \Box \to Mx)$。这里还是沿用了刘易斯对反事实条件句的分析，但与他不同的是，波德直接将这种必然性等价于一种倾向性特征，这里 (CA) 为条件分析，"D (S, M) x" 是以表现 M 来应答 S 这样的倾向性质的缩写。这一点与 DTA 的解释相联系来看，在 DTA 的解释中，用共相来说明，试图从整体来解读自然律的实质。但这里就明显简洁化，用一个核心概念——倾向性本质来取代前者的整体性观念——共相，再以倾向性本质作为自然律解释的实质点，进一步试图通过显现性特征和激发条件来推理。其中"□→"表达反事实条件语句的蕴含式。（CA）用这蕴含式来表示它必然真。所以，下式同样成立：

（CA□）：$\Box\ (D\ (S,\ M)\ x \leftrightarrow (Sx\ \Box\to Mx))$

从上面推理，于是有：

（DEP）：$\Box\ \forall x\ (Px \to D\ (S,\ M))$

□是模态逻辑的必然性符号。倾向性本质 DE 告诉我们至少有某些基本的、自然的性质 P 本质上是倾向性的。

将（CA□）代入上式，便有：

（I）：$\Box\ \forall x\ (Px \to (Sx\ \Box\to Mx))$

由此导出：

（V□）：$\Box\ \forall x\ ((Px\ \&\ Sx) \to Mx)$

和（V）：$\forall x\ ((Px\ \&\ Sx) \to Mx)$

波德主张（V）是一种律则陈述或"似真规律"。[①] 就这样，他从倾向性质导出一种自然律的表达式。因为从（V□）导出（V），所以（V）不是偶然性的。因为这些倾向性质是属于自然类世界的基本性质 P，所以带有物理必然性。波德指出，由于倾向性质具有因果必然性，所以由此导出的定律陈述也具有必然性。

但是倾向性质并不完全等价于反事实条件性质，因为至少还有两种基本的干扰因素使得即使有激发条件 S 也可以不表现出 M 来，即规律（V）不表现出来。这两个因素是：（1）破坏因素，直译为告密破坏者（finks）。例如一条电线本来是可导电性的，但它会因电流过强，保险丝断开的作用而破坏了它的可导性，因而表现不出导电规律。（2）屏

① BIRD A. *Nature's Metaphysics*：*Laws and Properties* ［M］. Oxford：Oxford University Press，2007：46.

蔽因素，直译为解毒克服剂（antidotes）。① 例如一个易碎的花瓶用气泡纸包装可以防止被打碎。倾向性的破坏因素，是由于对象的实现条件而发生了改变，倾向性的解毒剂是在保持倾向性不变的条件下改变它所处的环境。但这种对倾向性的干扰因素的产生，可以通过进一步分析来将这些干扰因素排除于基础特征之外，从而使得对象的倾向性以一种简洁的形式，即与破坏因素及屏蔽因素无碍的方式自然地显现出来。

不过也有一些范畴论者认为，所谓的倾向性特征不过是外在强加的，通过施加一种外力，使得此物表现出一种典型性特征，比如花瓶易碎，可是如果我们不施加一种外力，那么花瓶实际上不会被打碎，所以花瓶的易碎性是一种人为的强加。但是波德认为这一点并没有回答规律的必然性。"事实上，在刺激物下的表征是有条件的，但并不意味着倾向性本身也是在刺激物下而有条件的。"② 因此波德解释这种倾向性本质主义的基本观点是，"一些特征本质上是倾向的，而且这些特征包含着那些构成基本自然律的特征。"③

也有学者从自然律的一些特征方面，来反对倾向性特征，比如，自然律的数学公式中一般会存在着常数，而基本的常数值是世界的普遍特征，这一点倾向性不能予以说明。对这一点，波德的反驳是数学公式中的常数值的假定是由于这一规律导源于更深层次的定律，也即这一定律的必然性前提是由一个更好的科学解释为前提，因此倾向性的本质仍旧是在一个基本的特征层次起决定性作用的。由于科学定律的后验性，使得这一常数在现实世界存在着自由度，但随着认识的不断加深，会更加明了这一世界的演化路径遵循着合理化，比如符合最小作用原理或者能

① BIRD A. *Nature's Metaphysics*：*Laws and Properties* ［M］. Oxford：Oxford University Press，2007：25-29.

② BIRD A. Laws and Essences ［J］. *Ratio*，2005，18（4）：438.

③ BIRD A. Laws and Essences ［J］. *Ratio*，2005，18（4）：438.

量守恒等，因此自然律的实质仍旧是符合倾向性本质主义的基本观点的。

通过对自然律三种解释的比较来看，可以看出自然律的倾向本质解释是存在着它的优势的，因此埃利斯认为，"那些定律的规范性关系随附于这些从特征本质中衍生而来的必然结果，由此自然律可以直接由本质的特征来解释，在这些普遍特征中有一个本质特征，正是这种本质特征展示了一个具体背景下的某类事物的倾向性。"① 规律所遵从的必然性是一种自然必然性，而不是逻辑必然性，也就是那种通过概念的分析存在的一种分析必然性，形如所有的单身汉都是不结婚的男人，而是一种包含着这个世界实在内容的必然性。这种观点源于我们根据自然类的本质特征来解释规律的必然性，规律其实是植根于自然类事物的本性之中的，经由事物的本质特征决定，因而那些形成自然类的事物被有秩序地安排完善时，自然律同时也就形成了。这保证了对某一类的本质在认识上是可修正的，是一种后验事实，某一时期发现的自然类的内容可能有错，但是自然类确实"切在了自然的节点上"。

从倾向本质来解释自然律，保证了自然律不只适用于时空中的单个事件，而是对于一种更宽泛的类事件都适用。对这一普遍性的断言，可以表达成如下的形式 $\forall x\ (Fx \rightarrow Gx)$，也正是这种普遍性使得定律对于具体的事件有预测性的功能，它的必然性不仅是必要的，而且是充分的，即可以表示：$F_e \rightarrow G_e \leftrightarrow F_e \vee Ge$。这一点不同于前两种对自然律的解释，不是从普遍物之间的外在关系得出的必然性推理，而是基于自然类事物内禀的本质，这种本质的倾向性也使得不同的具体类事物显现出不同的外在特征。

当然对倾向性的本质之所是似乎又陷入了如同阿姆斯特朗的未加分

---

① BIGELOW J, ELLIS B, LIERSE C. The World as One of a kind: Natural Necessity and Laws of Nature [J]. *British Journal for the Philosophy of Science*, 1992, 43 (3): 378.

析的"阿喀琉斯之踵"之嫌,对这一问题的解决,新本质主义阵营中发展了不同的思想进路。波德、莫纳是持一种强倾向性本质主义观点,认为将倾向本质看作是不可还原的原始基点,认为这种本质就是一种纯粹倾向性的实在核心,显现出来的外在自然特征,可以通过反事实条件的分析得出,从而表明自然律的推理的必然性,这样还可避免无穷后退的危险。他在这里实际上是将倾向性本质认为是具有真理的二值性,即从实在性角度来看,它"是其所是";从规律的角度来看,它具有倾向性,使得自然律具有推论上的必然和理性。埃利斯给出了支撑自然类的动态机制和形成过程类,这个过程类使得这个世界表现出外在的倾向性特征,他将这种过程的动力机制看作是由因果力在作用着的。但因果力只是一种内涵性,起主导性特征的仍然是倾向性特征。像舒梅克、哈瑞等人则发展了一种实质论,认为倾向性本质的核心是由一种因果力来实现出来的,因此因果力作为一种发挥着作用的实质,起到的作用要比在埃利斯的观点中形式性的功能更大。这一理论已经发展出了试图用一种新的概念来取代倾向性本质对规律的解释的理论新支。比较这些不同的思想进路可见自然律的本质倾向性解释是一种积极的理论,在自然律的解释性研究上是一个存在着很大潜力的新发展。

倾向性本质解释在自然必然性的原则下支持可能世界中的事件,但是对于那些本质特征所支持的必然世界则表征为普遍的自然律。比如金属能导电,这一物理定律,它的必然性并不是因为外在自然条件,某种外物使得金属导电,而是金属这一客体,具有导电这种内在本质,因此表现出的物理定律具有的必然性也是内禀的。对反事实条件句的支持,也使得这一定律具有极大的解释力。古德曼最先对反事实条件句做出研究,他认为科学定律都支持反事实条件句,而偶然概括则不能。对这一点,陈晓平也曾指出,偶然概括所给出的仅仅是一种实质蕴涵,不能给出一种必然推理。① 倾向性本质解释在一种激活条件下对本质特征的显现给出一种规律发生的必然性根源，由此就不同于规则论和律则必然解释，前者是通过一种对因果发生条件的依赖性来保证自身发生的必然性，而律则必然性解释则是通过普遍物之间的外在关系，来给予自然律发生的必然性。而倾向性本质解释则将这种致使事件发生的导火索重新归给了客体本身，正是一个对象内在蕴涵了显现特征的基质，所以当适宜的条件出现，自然就会将那种已存在的本质产生出来。"科学所观察和整理的就是这些倾向性的显现。因此，描述自然倾向特性如何行为的规律同时告诉我们具有这些特性的事物必然地一定根据事物所是的种类而行动。"②

---

① 陈晓平. 科学定律与反事实条件句——兼论新归纳之谜 [J]. 自然辩证法研究，2001（7）：16—20.

② ELLIS B, LIERSE C. Dispositional Essentialism [J]. *Australian Journal of Philosophy*, 1994, 72（1）：27-45.

第六章

结　论

第一节　评析及改进

埃利斯在对自然律进行解释时，在他的形而上学中给了自然类一个中心的位置。他告诉我们说，"自然律是自然类本质特征的展示。"[①] 但是波德批评这种解释，认为这种观点实际上是将自然类与自然特征相等同，即"一个自然类是一个自然特征，反之亦然"[②]，比如带负电这种特征是一个自然特征，但是带负电的物质并不能形成一个自然类，因为带负电的物质组合方式很多种，像电子、氯离子、雨滴或者是金属球，然而在这个列表中仅仅只有电子是失去这个电荷并将失去其本质，因此一个自然类物质确实具有本质特征，但是这种特征并不是一个自然类的实体。比如"电子"与"是电子的"并不相同，前者虽然可以作为一类实体的表征，但是它与后者并不完全相同，因此这也不能形成任何的自然律。埃利斯的观点在很多方面类似于波德的观点，但是在这一点波德的反驳其实是误将埃利斯的观点看作是劳尔的观点了，在劳尔那里，将具有 K 是 F 这种形式的主体看作是一种实体性概念。我们知道，电

---

① ELLIS B. *The Philosophy of Nature* [M]. Chesham：Acumen, 2002：85.
② BIRD B. *Nature's Metaphysics*：*Laws and Properties* [M]. Oxford：Clarendon Press, 2007：208.

子排斥电子，电子在经过一个磁场时，它的运动产生一种自然律，根据劳尔的观点这种自然律是由"是电子的"这种实体类决定了的那种同性相斥和在磁场中的运动规律，也就是这一实体具有形而上学的性，正是这一基本的实体性特征决定了其他的规律。但是波德将这看作是一个事实，它是电子的本质的一部分，即描述了电子带负电这种本质，但是这并不是一种自然律，相似的，水就是 H_2O，它仅仅是衍生的规律并不是基本规律，"潜在的规律是基于基本的特征而不是自然类"①。

从自然律的解释特征来看，传统上这些特征被看作是实质性的，很多学者持这种传统的范畴论者，对于那些将特征看作是具有倾向性本质的，我们在这里将之称作是倾向论者，如波德、舒梅克等；如果将所有的特征都看作是范畴性特征，我们在这里称之为是范畴论一元主义；如果将所有的特征都看作是倾向性特征，我们在这里称为是倾向论一元主义；还有一种混合论的观点，是混合了范畴性一元论和倾向性一元论，认为特征分为两部分，一部分是范畴性的，另一部分是倾向性的，对于斯沃耶和埃利斯来说，他们所持的就是一种混合论的观点。当然倾向性一元论，和混合论的观点有相近的地方，应该说是同一面向上的不同路径，与范畴论的差异较大，这种区别更多的是表现在对自然律的解释上，持范畴论观点的学者对自然律的解释是，将自然律看作是偶然的，而后两种观点都将自然律看作是必然的。其实混合论的观点中，范畴性特征是随附在倾向性特征上的，并不是本质的，因此这种特征在规律的说明中所起到的作用并不是主要的。

特征的范畴性观点使我们开始思考特征的实在性问题，特征的实在论会导致如下的难题：我们没办法区分开实体与特征，并且不能消除特征，如果我们将特征本身看作是实在的，那么实体只能考虑它是特征的

---

① BIRD A. *Nature's Metaphysics*: *Laws and Properties* [M]. Oxford: Clarendon, 2007: 210.

复制品，会导致一种令人绝望的观点，与常识的观点背道而驰。斯盖弗（J. Schaffer）认为，这种观点将特征的实质性过于强化了。比如我们消除无色、无味、H_2O 结构，而水仍然是水，或者我们消除物体的惯性质量，而世界却并不改变。实质论的观点不如倾向性的观点，但是它也存在着以下优势：首先，它提供了特征本性的另外一种新选择；其次，它也对自然律提供了一种新的解释。范畴论会告诉我们自然律其实并不是什么，就如同怀疑论者会对那些真理持有者所说，真理其实并不是什么。当然这种观点有点令人难以置信。同时范畴论的观点还是具有它自身的缺点的，同休谟主义类似，将自然律看作是偶然的，因此，它主要遭遇的缺点就是范畴一元论没办法解决自然律的有效性问题。

对于倾向本质主义者而言，他们认为基本特征作为潜在的一个类的倾向性，使得特征的本质也成为潜在的，并依赖于并不存在的实体。倾向性本质主义者将特征的性质看作是相同的，具有倾向性，并且都是物质的本质。对于空间这种性质，埃利斯将其看作是范畴性特征，不属于倾向性特征，但是波德觉得我们大家所需要的是改变对物理学的观点，物理学研究中的发现实际就是一种对基本特征的解释，而不仅仅是我们主观的直觉，所以我们对物理学中所研究的特征都应将其看作是对于物理客体来说具有倾向性的特征。波德认为对这一点最有力的证明就是现代物理的发展，这一观点已经被量子学家证明了，也包括那些弦论物理学家。

倾向性特征与范畴性特征和规律之间的联系，特征—范畴—规律三者，作为一个表征倾向性的链状物，这个结构所给予的倾向性显现，先将特征分为两支，一支为范畴性，另一支为倾向性，然后再联合起来共同指向规律，这样的解释结构，要简单些。一般而言，我们并不将形状看作是倾向性的，不像易碎性那样明显，但波德将这些物理特征看作是范畴的，像一般的物理特征都是没有倾向性本质的。所有自然特征都看作是倾向性特征或是一部分特征是范畴的，一部分是倾向性特征，都可以共同认为那些特征具有倾向性本质。关于这种倾向性单一论者可以有以下两个优点，波德总结说，（1）倾向性单一论使得跨世界特征的同一性成为一个必要条件，如果我们允许范畴特征构想出实质，一种原始的特征实质。不过马姆弗德批评了这种实质性的观点，因为它将消除特征通过因果力所起到的作用，力作为本质就会与范畴有一个实质的结论相冲突。同时如果将范畴特征看作是实质，那么它替代实体的位置，填充电荷的位置或是质量的位置，对于一种东西同时发挥如此多的作用，其实是很令人质疑的。（2）倾向性单一论可以允许将自然律看作是倾向性本质产生的，这样就可以不用违背规律的必然性，而不会遭受到像休谟对自然律经验性解释那样的失败。我们可以用模型力来解释规律，将它看作是一种形而上学的必然性。①

不过那种复合论有一种不经济的缺陷，因此波德认为舍掉混合论的观点而去追求倾向性单一论是值得的。但是倾向性一元论是否真如波德所说，是不成问题的呢？有一些观点的批评是针对倾向性一元论的，它们不支持将所有的基本特征都看成是倾向性的，最为常见的批评是这会导致回溯性的难题。但是波德回应说，回溯性问题并不存在，因为一个特征的本性是在与另外一个特征的关系中给出的，它们的不同也是在这种相对中给出来的，但如果用相对性关系来回答这个诘难，他就会陷入循环论证中。他将特征看作是具有倾向性的，然后又用这种倾向性特征来解释规律，将规律看作是倾向性特征的显现，他实际是将靶子放在自己的鼻子上。

我们在这里最好考虑一种虽然在形式上并不简单，但是在应用中却显示出一种更有效的观点，就是混合论观点，他们既允许倾向性又包括

---

① BIRD A. *Nature's Metaphysics*：*Law and Properties*［M］. Oxford：Clarendon Press，2007：100-104.

范畴性特征，当然这对倾向性一元论者来说，会补充一些优势，比如他们无须担心回溯性难题的发生，因为范畴性特征作为一个支点，阻断了后退。如果说空间及其他的结构性特征是范畴特征的话，那么其他的特征本质上就是倾向性的，这样在自然律的解释上，就比一元论的本质倾向性的解释具有更大优势。另一方面，混合论观点，因为允许范畴特征的观点，可能会面临的是与前面的特征实在性联合所导致的难题，但是对埃利斯来说，他实际上是将范畴性特征看成是随附在倾向性特征上的，它是随着随附性特征一同显现的。有的学者批评说，这种观点也不能将倾向性本质看作是特征的本性。这也就允许了特征的两种范畴性，这两种范畴性特征如果铰接在一起，那么也就是一种倾向性本质特征，因此通过这样的还原可以最终将混合性观点看作是一元论的倾向本质主义。但是埃利斯实质上将这两种范畴特征看作是相互之间不同的，也就是不可还原的。如果按照这种批评性的观点，继续还原下去只能导致倾向性一元论，并最终导致回溯性难题。这样，这种混合论的观点，可以保留类似于倾向本质主义对自然律必然性的解释。

这种混合论的观点虽然有它的优势，但是确实也存在着问题，因为很多时候我们应如何区分哪些特征属于范畴的，哪些特征又属于倾向的呢？这种标准会陷入二元论的困境。我在这里提出一种尝试性的观点，那就是将范畴性特征看作是一种建构性的特征，这样可以保留它的倾向性内涵，而同时我们又可以避免像范畴论者那样陷入困境，同时又不像强倾向本质主义那样将所有的特征都看作是单一倾向性所导致的难题。比如，爱因斯坦理论已经指出了，时空作为一个整体参数也并不是独立于其他因子的。根据维基百科，"在广义相对论中，引力被描述为时空的一种几何属性（曲率）；而这种时空曲率与处于时空中的物质与辐射的能量——动量张量直接相联系，其联系方式即是爱因斯坦的引力场方程（一个二阶非线性偏微分方程组）。"① 这样，各种特征都是以有助于形成一种自然律的数学形式而存在的。很多时候即使我们没办法指出哪些特征是倾向性的特征，哪些是建构性的特征也没关系，知识始终在进步之中，我们可以通过这种对特征的更中道的定义，来平衡自然律给出的更好的科学解释理论的进步性。

第二节　倾向结构主义

逻辑经验主义随着 1969 年 3 月 26 在伊利诺伊州讨论会亨普尔的一篇"自我批评"式的长篇发言而最终落幕，他公开宣布，"余致力公认观点研究，凡四十年，其目的在于建立关于科学理论结构的科学哲学理论，积 40 年之经验，深知欲达此目的，必须唤起哲学家们，放弃公认观点。"② 这种批判的精神一直是哲学的精髓，但是也标志着一种学说走到了它的尽头。随着 20 世纪 90 年代，波普尔、库恩、亨普尔等领衔的哲学大师的离世，科学哲学进入了 21 世纪的结构主义和与之相竞争的新经验主义时代。

科学理论的结构成为科学哲学的中心问题，像萨普、苏佩斯、史纳德进一步引领了这一研究进路，这一理论的主要奠基人是史纳德，也被称为史纳德学派。由于史纳德是苏佩斯的学生，他在斯坦福教书，也被称为斯坦福学派。他们的研究中有两个关键词分别是"结构种"和"模型类"，提供了一种集合论的进路，在他们的一本题为《科学的建

① 爱因斯坦. 广义相对论 [EB/OL]. [2023-6-20]. https：//www. zhaibian. com/baike/35508684471578159266. html, 2013.
② 张华夏. 科学的结构：后逻辑经验主义的科学哲学探索 [M]. 北京：社会科学文献出版社，2016：132.

构》的书中写道："我们关于知识结构的说明要求某种比陈述和陈述之间的逻辑关系更多的东西，我们要集中注意展示出知识的命题性质所忽视的那种东西。我们的模型论进路，就是将经验科学及其定律不像作为语言实体而是作为模型论实体即集合论的结构的类进行刻画。无论一个科学理论达到何种成熟的程度和概念确定的程度，我们都可以识别出它所处理的模型。科学理论分析的基本单元不像其他的有关科学基础研究进路所说的那样是陈述，而是模型。一个理论常规有许多模型，这些模型共有着相同的结构（同构）而成为模型的一个类。"① 我们采用"模型论进路"来代表整个结构主义科学哲学观的理论，采用布尔巴基集合论所说的结构种的概念与方法，来研究"结构种"数学概念如何运用于经验。

按照布尔巴基的原著，一个数学理论的核心就是它的结构种。"在数学上不同数学理论有不同的数学结构种，它的组成元素（或形成的程序）有下列四个因素（或四个步骤）：

（1）一定数目的集合 E_1，…，E_n，被称为组成某个理论的主要基础集（Principal Base Sets），它是组成这个理论结构种 Σ 的主要基础材料，就像建筑物的砖块那样。

（2）在该理论中，有一定数目的集合 A，…，A_m，被称为建构结构种 Σ 的辅助基础集（Auxiliary Base Sets），例如实数集、自然数集等等。结构种可能不一定需要辅助基础集，但必须要有基础集做建筑材料。

（3）一个定型图式（Typification）

T（E，s）= s ∈ S（E_1，…，E_n，A，…，A_m），其中集合 E =

---

① 张华夏. 科学的结构：后逻辑经验主义的科学哲学探索［M］. 北京：社会科学文献出版社，2016：139.

$\{E_1, \cdots, E_n\}$

在这里 S 是建立在上述 n+m 项上的梯阵建构图式（Echelon Construction Scheme），T（E，s）被称为结构种∑的型特征（Typical Characterization）。

（4）有一种关系 R（E，s），相对于定型图式 T 是可传输的（Transportable），这个 R 就叫作结构种∑的公理。"①

上述引用布尔巴基"结构种"的基本理论，主要是为了阐述定型图式 T 的来源，接下来我们借用这个结构图式来解决因果结构及结构特征问题。

假定有定型图式 T（E，s），如图 6-1 所示，其中 s∈S（E_1，…，E_n），我们令 E=｛a，b，c，d，e｝

S=｛<a，b>，<b，c>，<d，c>，<c，e>｝

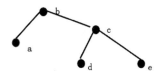

图 6-1　定型图式 T

这是一个树根型的结构种，但是如果每一个集合中的客体，比如 a，b 都按照次序排列，它就会成为一个有序偶，可以表示一种矢量关系。

用这种矢量结构图式 S=｛AB，BC，CD，DE｝可以表达因果结构（图 6-1），而特征的结构也可以被用来阐述倾向。

① 张华夏. 科学的结构：后逻辑经验主义的科学哲学探索［M］. 北京：社会科学文献出版社，2016：144.

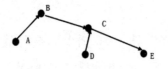

图 6-2　多样因果图式

　　确实，像波德、迪波特（Randall Dipert）等已经做了这方面的工作，他们将倾向特征进行结构化的解读，他们的工作表明特征是可以根据它们的结构特征来完美地进行区分。

　　波德曾用图示（6-3）理论的资源，这些图示涉及节点（或顶点）它们是通过垂直的线连接起来。这些节点代表了特征，这些线代表了它们的相互性关系。这些关系有一个方向，正如波德指出的，"名义性关系是一种典型的非对称关系，例如，一个粒子的电荷的表征是加速，一个电荷的表征不是加速，注意，在结构主义图式中，有些节点并没有被标注出来，这表明，它们是可以区分开来的，根据它们在整个图示中的关系位置。"①

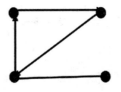

图 6-3　特征结构图示

　　确实，这种结构主义认识论是倾向主义者大都接受的，因为倾向主义者坚持的就是一种特征的结构主义形而上学的观点。根据这种观点，这个特征的本质是可以被穷尽的，但是根据这种观点，区分倾向性的很

────────────

① BIRD A, *Nature's Metaphysics*：*Law and Properties*［M］. Oxford：Clarendon Press，2007：139.

明显的方式是发现它们是怎样的一种倾向性结构。

现在这样的图式可以被理解为表征了一个世界所包含的认识性结构，一旦这种结构以不同方式表示出来，那么可以尽量用这个图式中的节点，进行相互区分。"只要这个世界图式是非对称的，那么这个特征也完全是由于这些结构的非对称型式决定的。"① 也就是说，如果这个特征有独特的关系特征（在非对称情况下）每一个特征将是可互相区分的。准确来说，一个非对称图式并不是繁杂的同构型，它要以能保证图式为基础，如果它以不同的方式离开节点时。

在建构一个世界图式时，我们一般以微观的特征结构开始，这似乎是很明显的，这些客体是真正走到本质作用的深层结构。通过它们的影响，确认那些宏观的特征，我们可以由内而外建构。一旦我们获得了关于这些因果角色的足够的知识，由深层的结构特征向外延伸，我们就能够建构起相应的工具使得我们可以理解自然的深层次。我们愈向外建构我们的图式，理论和特征就能融入更多。

"根据这种层次的概念，确实认为更高一层次的预测可以将不同的特征挑选出来，它们最终将低水平的特征联结起来，它们彼此也是相互区分的。"② 黑尔讨论了塞尔的观点，指出根据高水平的特征，比如一个物体的固体性，可以被看作是一个不同的特征，它是因果随附在一个低水平事物的组成分子的不停运动上。如果塞尔的图式是正确的，为了让我们的图式更能反映实在，这些高水平的特征可以通过我们的图式来做出相互区分。一个表征了外在的特征的相互关系，另一个表征了内在特征的因果随附性关系，两者共同构成一种结构主义认识论图景。

根据这种倾向结构主义观点，也可以解决倾向特征一元论中的无穷

① BIRD A, *Nature's Metaphysics：Law and Properties* ［M］. Oxford：Clarendon Press，2007：146.
② SAATSI J. Structuralism with and without causation ［J］. *Synthese*，2014，194：2.

后退难题。像斯威波恩（Swinburne）及阿姆斯特朗都认为倾向一元论无法解决循环定义的问题，阿姆斯特朗在他的形而上学的论述中也采用了范畴主义论。但是如果将倾向主义特征看作是随附于其他的东西，一种更原初的基质，这种东西的结构性图式可以表征它们的特征之间的关系，并进一步可以将那种事物内在的潜存的因果力展现出来。"无论怎样，一旦所有的这些约束与附加限制都被考虑进去，它表明这些图式可以展示出纯粹倾向性的可能结构，它们有着或相同或不同的特征，随附在表征的结构和激发的关系中。"①

第三节　结构主义认识论

结构主义在科学哲学中已经流行了很多年，自从沃勒尔（Worrall）开始，它在科学实在主义中一直被长久引用。根据目前的科学理论，谦卑地来讲，结构主义是至今为止我们的认识上最好的解释理论。

我们知道，康德给出的关于世界和心灵或者说心理表征之间的关系，就是一种认识上的依赖关系，自然世界的一般结构是依赖于人类的心灵，比如空间、时间、因果及其他范畴，它们都是附着于思想和感知上的形式物，也限制了经验世界自身。这个观点所带来的益处是，它给出了自然领域的知识，因为它是由心灵建构的，它可以直接地被理解，尽管并不是不需要努力的必然推理。而心灵独立的，物自体的本体世界，那幅图景是无法被理解的，它在我们的认识之外，对它我们缺少理解的结构。我们对这个世界之所以有共同的理解，按照康德的理解，是由于思想的范畴结构就是一种属人的共相，它可以被每个人分有，并且

---

① BIRD A. *Nature's Metaphysics*: *Law and Properties* [M]. Oxford: Clarendon Press, 2007: 146.

能够形成一贯的认识的体系。用一句话来描述康德观点，就是我们分享着这个世界。

这个观点被当代的新康德主义继承，哈金给了我们一种现代唯名论的形式，他也否认了表征独立的实在有结构。哈金为一个严格的唯名主义做出了辩护，它允许一些自然类的存在，在某些事例中，这与我们怎样评价人类相关，那是科学所强加的而不是发现的。更准确来说，哈金接受了关于我们这个世界个体的实在主义，但却拒绝了那些固定的、独特的由自然所给予的本质的分类方式，所有关于自然的划分及分类方式实质上是人类的创作。"这个世界是如此自动，如此像它自身，以致它甚至都没有我们所宣称的它自身的结构，我们微弱地对这个世界的表征，但是我们所有构想的结构都是基于我们的表征。"① 也就是说，这个结构是基于我们的表征，而不是通过它们自身所发现。

因此，根据哈金的观点，这个世界并不会改变，它是一个由许多个体组成的世界，我们所工作和生活的世界是由许多类形成的，这不会改变，但是我们对它的分类及认识会改变。"没有任何一个人曾怀疑这个宇宙中的大部分事物都是因果上独立于我们的，我们的问题是，是否它们的表征也独立于我们。"② "如果给我自己打分，从 1 到 5 分，而 5 分意味着坚定地支持建构主义，1 分则相反，那么我的分是……唯名主义：4 分。"③

莫泽凯（Mozersky）将哈金的唯名论观点，称为是一种"动态唯名论"观点，"动态的唯名论持一种有吸引力的观点，论证了无数的人类

---

① HACKING I. *The Social Construction of What?* ［M］. Cambridge：Harvard University Press，1999：83.

② VAN ROOIJ R, SCHULZ K. Natural kinds and dispositions：a causal analysis ［J］. *Synthese*，2021，198：86.

③ HACKING I. *The Social Construction of What?* ［M］. Cambridge：Harvard University Press，1999：99.

和人类的行为的形成都是由我们发明的方式来命名它们的"①。对于哈金来说，他假定了心理表征是存在的，并认为所有的结构都是相对于它们的，基于这些认识，莫泽凯提出六点反驳："第一个结论，我们是类的创造物，而且能够表征；第二个结论，我们有某种能力；第三个结论，我们能运用这些能力给出表征的内容，并进行表征的活动。第四个结论，我们至少有一类能力是独立于任何表征或者理论的；第五个结论，能力保证了结构。（我们有能力来表征和建构各种类的理论，数学的、物理的、哲学的、心理的、神学的、文学的等等。在这一点，我们的能力系列几乎没有尽头。……因此一定有某种结构，通过它产生了我们的表征能力的存在，也保证了它们的存在。）第六个结论，至少某种结构是逻辑上、因果上和时间上独立于并先于我们的表征和它们的内容。最后的结论，唯名论是错的。"②

传统的唯名主义的观点可以回溯到亚里士多德时期，劳埃德（Lloyd）对亚里士多德的共相理论的分析，指出亚里士多德的理论实质否认了共相的存在，共相作为谓词是思想或者语言的实体，因此它们具有属人性，而不是属物性，"我的观点是，个别人苏格拉底所拥有的苍白形式和某种意义上苏格拉底所等同（从属）的一类人的形式两者都不是共相，因为两者都不是其他苍白的人所拥有或等同的那个同样的形式。照亚里士多德看来，若干苍白的人所共有或分享的必须被描述为谓词苍白和人，或者也可以被描述为'苍白和人是所有存在的苍白人的真实谓述'这个事实，而不能被描述为作为属性的苍白和人性。但是这些谓词，同时也作为共相，属于思想和语言。亚里士多德的共相理论

---

① HACKING I. *Historical ontology* [M]. Cambridge：Harvard University Press，2002：113.

② MOZERSKY M J. Nominalism, contingency, and natural structure [J]. *Synthese*，2021，198：5285-5286.

因而不是在物中，而是在物后"①。劳埃德指出，对于亚里士多德来说，这个世界是由许多个体组成的世界，我们所工作和生活的世界是由许多类形成的，后者会改变，但是前者不会变。我们假定存在着一个个体的世界，但并不是类的，那么没有类来自自然。

传统的唯名主义的一个很大的支持者是洛克。以洛克的观点来看，当自然使得事物相似或不同时，通过分类将它们划分进不同类，这是人类的理解工程。"根据这种核心的名义定义的经验概念，这种定义几乎全部是专断。对于洛克来说，附加在一个混合模型上唯一允许的限制是逻辑一致性，它们的联合形成了它；对于一个质料的概念，存在着附加的限制，它们作为相应于它的组成的质性和力的观念从本质上来说是联合的可实现的。主体，大部分时候，对于这些限制，每一个抽象的观念，都有一个名字伴随着它，形成一个突出的种。"② 根据洛克的观点，所有存在的事物都是具体的，因此头脑中的观念也是个体的。洛克写道，"总相和共相不属于事物底实在存在，而只是理解所做的一些发明和产物。"③ 他如此叙述一个物理对象所具有的真正本质观念。一个物理客体的内在组成成分是不可被感知的，并且一个物理客体可以提供出许多的真正本质，每一个都是它内在组成的一部分。由于认识上的必要，一个物理客体被划入很多不同的类别中去，每一个不同的本质都作为其真正实质的一个组成部分，当然这一实质并不可知，我们只能根据它们在不同的律则作用中所扮演的角色来做出相应的描述。按照洛克的观点，我们尝试着改进我们对自然物质的知识，但是即使我们不断完善我们对自然物质的观念，我们也并不能认识那些物理组成的真正成分。

① LLOYD A C. *Form and Universal in Aristotle* ［M］. Liverpool：Francis Cairns，1981：2.
② RICHAED B. *Realism，Anti-Foundationalism and the Enthusiasm for Natural Kinds* ［M］. *Philosophical Studies*，1991，61：130.
③ 洛克. 人类理解论：上册 ［M］. 关文运，译. 北京：商务印书馆，2019：395 .

　　但是我们都知道唯名论会出现一些令人尴尬的结果，最典型的就是归纳概括的证实问题。休谟曾给出过最有力的反驳，即使观察到的对象时常或经常连接之后，我们也没有理由对我们不曾经历过的对象做出任何推论，企图靠诉诸经验为归纳法找根据，会导致无穷后退。因此在哲学中一直有所谓"悲观归纳论"这种说法。劳丹曾指出历史的清单上列出一个又一个本质上是错误的理论，像燃素、热质、以太等，虽然它们曾经出现在成功的理论中，但是这些理论现在已经被完全地摒弃——从而证明，科学史上科学理论一方面是成功的，而另一方面它的核心的解释概念实质上是无所指称的。科学史上充满了一系列曾经经验成功而最终错误的理论，这将摧毁实在论者对科学成功的解释的可信性。正如劳丹所说，"因为它们（大多数过去的理论）建立在我们现在认为是根本错误的理论模型和结构基础上的，所以实在论者是不可能将解释这些理论的经验成功寄希望于构成他们的理论主张的似真性。"① 正如洛克所假定的，归纳概括不能被证明，除非我们证明相信这种范畴已经给它们提供了框架，且是与它的本身的结构相一致的。

　　为了挽救悲观归纳论，论证科学所取得的巨大的成就，以及它曾经做出的很多惊人的猜想的实现，哲学家做出了很多的努力。"他们的怀疑是肤浅的；他们根本没有考虑科学理论的目的和作用；否则他们就会明白，这些废墟对某些事物而言仍然是有用的。"② 在彭加勒看来，科学假设的不可观察实体虽不能为我们所认识，但是由不可观察实体所构建的理性结构，也就是不可观察实体之间的关系是可以被认识的。"但是，这些名称仅仅是代替实在的客体的图像，自然界永远将实在的客体向我们隐藏着。这些实在的客体之间的真实关系是我们能够得到的唯一

①　PSILLOS S. *Scientific Realism: How science tracks truth* [M]. London and New York: Routledge, 1999: 103.

②　彭加勒. 科学与假设 [M]. 李醒民, 译. 北京: 商务印书馆, 2006: 131.

实在。"① 虽然我们的科学革命在汰旧更新中替代了一些理论，但是它们仍然存在着一些东西，而这些东西就是一种理论的结构形式，它不会消失，而是会再次在新的理论中出现。"只要我们更为仔细地观察历史上被抛弃的科学理论，我们便会看出那些因此而死亡的内容，正是名副其实的、自称能使我们认识到事物是什么的理论。然而在他们之中总有某些东西幸存下来。如果一种理论能使我们认识到真实的关系，那么人们最终会得到这种关系，而且会发现，这种关系再次以新的伪装出现在另一种取代了旧理论而居于统治地位的理论之中。"②

我们知道，即使科学理论表征了这个世界的一致性的思想，它仅要求一种坚持客体存在的信念，这证明我们相信某种东西，但并不是它们存在。"事实上，通过坚持心灵和世界在本体论上是相互独立的，内在的结构主义就会包含着一个怀疑论会采用的一个分裂。最后，我们可以在这样一种位置上，知道有这样一个内在的结构，而不知道它是什么，正如我在目前的位置上，知道普洛芬有一个分子结构可以治疗，但是并不知道这个结构是什么。"③ 可是这种位置并不意味着我们对分子结构是无知的，普洛芬可以被制造出来，表明我们是知道这样的一个内在结构的，至少科学家是理解的。

似乎我们再次回到了起点，必须对科学实在论有所承诺，才能推进理论。传统的科学实在论有三个前提，"科学实在论有三个核心观点，本体论的前提，实在是独立于人的思想的；语义学的前提，真理是某种思想和独立的实在之间的相应关系；认识上的前提，我们有好的理由相

① 彭加勒. 科学与假设［M］. 李醒民，译. 北京：商务印书馆，2006：132.
② 彭加勒. 科学与假设［M］. 李醒民，译. 北京：商务印书馆，1988：342.
③ MOZERSKY M J. Nominalism, contingency, and natural structure［J］. *Synthese*, 2021, 198：5294.

信目前的科学是大概正确的。"① 因此结构实在论必须包含完整的本体论的承诺，另外，科学理论要超出经验内容的认识，反映某种实在，从而保证科学理论的真理性。

雷迪曼（Ladyman）作为结构实在论的坚定支持者，指出理论的"语义学"或"模型理论"的方法，可以作为结构实在论的一种选择。"理论被认为是对可能用于表征系统的结构或模型的呈现，而不是被部分解释的公理系统。理论不是命题或陈述的集合，而是超语言的实体，它能够被一系列不同的语言学公式来描述或界定。在语义学方法的语境下，理论的内容被认为是句子的集合，实在论等同于对标准的指称语义学，以及对理论真理的承诺。"②

无论如何，正如博伊德指出，"科学实在主义已经获得了巨大的可信性，它们对科学实践事实的认识的结果，似乎在科学中关于可观察的归纳推理是可信赖的，仅仅因为它们是被方法论原则引导的。这些原则反映了不可观察的真正本质可获得的知识。"③

第四节　研究展望

自然类和自然律所具有的倾向性本质二者在本体基础上找到了共同点。也正是这种倾向性本质，为二者提供了一个本体论的基础，自然律得以通过这种基础建立在自然类上。当然自然类和自然律的研究以及这

---

① MOZERSKY M J. Nominalism, contingency, and natural structure [J]. *Synthese*, 2021, 198: 5294.
② LADYMAN J. What is Structural Realism? [J]. *Studies in History and Philosophy of Science*, 1998, 29 (3): 416.
③ RICHAED B. Realism, Anti-Foundationalism and the Enthusiasm for Natural Kinds [J]. *Philosophical Studies*, 1991, 61: 130.

种倾向性理论也和其他的问题一样，还有待进一步探究。作为自然类的倾向性本质，能解决自然律的很多问题，但是这种本质特征作为倾向性的显现，在自然类事物中的地位实际上较难以界定。自然律的倾向性解释，虽然在很多方面优于定律解释，但也面临着自身的问题，比如这种倾向性本质主义能否支持所有的自然律，关于这一点，兰格（Lange）曾提出了质疑。同时将自然律认为是一种倾向性，它与传统中对客观规律的演绎性规则解释差别也很大，因此在自身的论证上还是有待进一步充实的。

其次，在新本质主义的新世界图景中，对于如何改进和完善世界的自然类层级结构图景问题。世界的基础是一系列自然类的层级结构，按照埃利斯的分析，只有微观物理学的粒子类以及化学的元素和化合物才是严格标准的自然类，连生物物种的种属都不算自然类，而物种按基因结构进行的分类勉强可以当作自然类来处理。这种观点似乎比较狭窄，按照当代生物学的发展，物种应该作为自然类来进行分析。至于人类社会，有一些领域也应作为自然类来处理，以便探索社会发展的客观规律。另一方面，世界的物质种类除了标准的自然类之外，还有维特根斯坦所提出的家族类似类和中医式的目前还基于"阴阳五行"的功能类比分类，如何将它们整合进来构成一个实在论的本体论物类体系还是一个不能回避的问题。

最后，埃利斯的新本质主义科学实在论有一种还原物理主义的倾向。新本质主义对于自然类和自然律是如何在宇宙中产生出来的，还缺少一个动态发展观和突现论的系统性分析。他的立场基本上是非还原的实在论者，在现实世界中每一个重大的层级性突变都会产生新的实体及过程，出现新自然律，于是世界的发展就会越出物理世界的范围，产生心灵世界、心灵事件和心灵过程，它们虽然以物理事件为基础，但本身不单是物理事件。元因果力是"改变因果力的因果力"，这是不可能还原的基础，但同时埃利斯在很多地方指出，作为自然类倾向性本质的因果力，其他的特征都可以还原到这种本质特征来解释。这个论证与他的非还原立场是不协调的，因此这一基础性的问题，也有待更为深入的研究。无论如何，从 21 世纪有关自然类和自然律的一些哲学研究成果看，新本质主义作为科学实在论的一条发展思路是很有前景的。

自然类研究领域相当广泛，除了在形而上学领域中对自然类的划分标准及基本特征加以研究外，在具体科学领域中的类，如心理学［福多（Fodor）；车池兰德（Churchland）］、经济学［梅兰肯（Millikan）］、生物学［吉色林（Ghiselin）；霍尔（Hull）］、化学［尼德海姆（Needham）；范·布瑞克（Van Brakel）］等。在生物哲学领域中，一般关注的焦点是生物个体是不是一种客观的自然类，因为这一物种的进化问题及其文化、社会、心理等方面的影响使得这一问题的研究较为复杂。比如一些具体的问题，如病毒的变异，它在生物学中的身份一直很难被界定。在化学哲学中对于化学中的微观结构是否可以作为一个特定类的基本单元的问题，化学类和物质成分之间的规律之间的关系问题，也在讨论中。有关人工合成的元素，如合成的铀、抗坏血酸及 C_{60} 等这些元素到底应不应该归入自然类之中的问题也并没有清楚的明确的回答。尤其引人注目的是，这一问题在心灵哲学领域所给予的讨论，心理学中的本体论地位在神经科学中受到质疑，行为规律在心理学类和神经生理学类中究竟如何来决定一直也被广泛地争论着，其实这也涉及灵魂实相的问题。现代美国出现的超个人心理学及灵性复兴运动等，都有对这一问题的热烈探讨。在精神心理学领域，当前所讨论的心灵、信念、欲望等心理共相仅仅是幻相，还是具有生理学基础，它们对我们研究宇宙的自然律到底有着怎么样的影响，我们是戴着有色眼镜在观察宇宙，最后投射出来的仅仅是我们自身，还是存在着的客观规律，这些问题对我们认识自然律的有着很重要的影响。

在对自然律的研究中，哲学领域存在着本体论方面的争议，有实在论和反实在论之争，各种阵营对规律的理解和定位似乎也各有差别，像在英国一直活跃着的休谟主义及新休谟主义，还有像新本质主义及其规则论者等都对自然律问题极为关注，同时这一问题也与指称、随附性、语义学、系统论等其他的一系列问题有着紧密的关联性。例如，吉姆·伍德沃德（Jim Woodward）对于自然律的观点，伍德沃德认为，两个变量之间的关系在这个变化的世界里可能会改变，但是规律即使是在干涉中也是不变的。斯洛西（Psillos）指出干涉的量实质是由物理规律决定的，而这种不变性是一个反事实的特征，这种关系实质是保持不变的，虽然某种干涉会发生。对于反事实成真的条件，伍德沃德给出了一个干预主义的观点，南茜·卡特莱特亦表示赞同。虽然按照斯洛西的说法这一操作性工作缺少了形而上学的一维，使得干预仅仅具有现实性意义，但她的研究思路也是一个研究的动向。波德指出这种能力与倾向性接近，在显化现象的层面，倾向性起了决定性的作用，对自然律具有支配性的地位。近年来对倾向性研究的关注主要集中在科学哲学和心灵哲学中，在科学哲学的研究中对倾向性，有一种它可能是源于不可观察对象的忧虑，这种缺少实证性的概念，在科学哲学中一向都有敬而远之的传统。如果物理学、化学等具体科学需要对这些没有在感觉经验中显现的倾向性特征做出归属，那么感觉经验的命题怎么与具体科学规律中的证据相联合？在认知哲学中，行为是一种倾向性的显现，认知哲学关注的是有关信念、欲望行为的功能主义，有利于对这一问题从另外一个纬度加以深入的研究。当然这些问题及解答都与本质和定律的研究密不可分，有待于将这一主题扩展到其他相关问题的研究中，继续深化这一研究。

参考文献

一、中文文献

专著

[1] 查默斯. 有意识的心灵——一种基础理论研究 [M]. 朱建平, 译. 北京: 中国人民大学出版社, 2013.

[2] 蒋劲松, 刘兵, 编. 科学哲学读本 [M]. 北京: 中国人民大学出版社, 2008.

[3] 罗素. 人类的知识 [M]. 张金言, 译. 北京: 商务印书馆, 1983.

[4] 苗力田. 古希腊哲学 [M]. 北京: 中国人民大学出版社, 1989.

[5] 恩格斯. 自然辩证法 [M]. 中共中央马克思恩格斯列宁斯大林著作编译局, 译. 北京: 人民出版社, 1971.

[6] 康德. 纯粹理性批判 [M]. 邓晓芒, 译. 北京: 人民出版社, 2004.

[7] 莱布尼茨. 新系统及其说明 [M]. 陈修斋, 译. 北京: 商务印书馆, 1999.

[8] 罗蒂. 后哲学文化 [M]. 黄勇, 译. 上海: 上海译文出版社,

2009.

［9］洛克. 人类理解论［M］. 关文运，译. 北京：商务印书馆，1983.

［10］洛克. 人类理解论［M］. 谭善明，徐文秀，译. 西安：陕西人民出版社，2007.

［11］克里普克. 命名与必然性［M］. 上海：上海译文出版社，2005.

［12］苗力田主编. 亚里士多德全集：第一卷［M］. 北京：中国人民大学出版社，1993.

［13］苗力田主编. 亚里士多德全集：第二卷［M］. 北京：中国人民大学出版社，1997.

［14］苗力田主编. 亚里士多德全集：第五卷［M］. 北京：中国人民大学出版社，1997.

［15］苗力田主编. 亚里士多德全集：第七卷［M］. 北京：中国人民大学出版社，1993.

［16］马蒂尼奇. 语言哲学［M］. 牟博，译. 北京：商务印书馆，1998.

［17］迈尔. 生物学思想的发展［M］. 刘珺珺，胡文耕，彭弈欣，等译. 长沙：湖南教育出版社，1990.

［18］金在权. 物理世界中的心灵：论心身问题与心理因果性［M］. 刘明海，译. 北京：商务印书馆，2015.

［19］彭加勒. 科学与假设［M］. 李醒民，译. 北京：商务印书馆，2006.

［20］彭加勒. 科学的价值［M］. 李醒民，译. 北京：商务印书馆，1988.

［21］普特南. 理性、真理与历史［M］. 李小真，译. 上海：上海

译文出版社，2005.

　　[22] 普特南. 三重绳索：心灵、身体与世界 [M]. 孙宁，译. 上海：复旦大学出版社，2019.

　　[23] 斯蒂克. 心灵哲学 [M]. 高新民，刘占峰，陈丽，等译. 北京：中国人民大学出版社，2014.

　　[24] 维特根斯坦，哲学研究 [M]，汤潮，范光棣译. 北京：三联书店，1992.

　　[25] 张华夏. 科学的结构：后逻辑经验主义的科学哲学探索 [M]. 北京：社会科学文献出版社，2016.

　　[26] 张家龙. 模态逻辑和哲学[M] . 北京：中国社会出版社，2003.

　　期刊

　　[1] 陈晓平. 科学定律与反事实条件句——兼论新归纳之谜[J] . 自然辩证法研究，2001（7）.

　　[2] 董国安. 论物种作为个体[J] . 自然辩证法研究，1994（1）.

　　[3] 高新民，刘占峰. 心性多样论：心身问题的一种解答 [J]. 2015（1）.

　　[4] 胡怀亮. 干预理论与反事实条件句[J] . 中国社会科学，2021，38（5）.

　　[5] 冯棉. "可能世界"概念的基本涵义[J] . 华东师范大学学报（哲学社会科学版），1995（6）.

　　[6] 金吾伦. 埃利斯的内在实在论[J] . 自然辩证法通讯，1989（6）.

　　[7] 金在权，郁锋. 50 年之后的心-身问题[J] . 郁锋，译. 世界哲学，2007（1）.

　　[8] 钱捷. 皮尔士与内在实在论[J] . 华南师范大学学报（社会科

学版），1989 (3).

[9] 张志林. 指称实在论评析[J].哲学研究，1997 (5).

[10] 朱建平. 论克里普克与普特南自然类词项语义学观之异同[J].电子科技大学学报（社会科学版），2011, 13 (1).

[11] 曾庆福. 克里普克的历史的因果命名理论评析[J].河南社会科学，2006 (2).

二、外文文献

专著

[1] ARMSTRONG D M. *Universals and Scientific Realism* [M]. Cambridge：Cambridge University Press，1978.

[2] ARMSTRONG D M. *What Is a Law of Nature?* [M].Cambridge：Cambridge University Press，1997.

[3] ARMSTRONG D M. *A World of States of Affairs* [M].Cambridge：Cambridge University Press，1997.

[4] ARMSTRONG D M, MARTIN C B, PLACE U T. *Dispositions：A Debate* [M].New York：Routledge，1996.

[5] BIRD A. *Natures Metaphysics：Laws and Properties* [M].Oxford：Clarendon Press，2007.

[6] BURTT E. *Metaphysics Foundations of Modern Science* [M].London：Routledge and Kegan Paul，1932.

[7] CAMPBELL J K, O'ROURKE M, SLATER M H. *Carving Nature at Its Joints：Natural Kinds in Metaphysics and Science* [M].Cambridge：The MIT Press，2011.

[8] DAVIDSON D. *Essays on Actions and Events* [M]. Oxford：Clarendon Press，1980.

[9] DILWORTH C. *The Metaphysics of Science*：*An Account of Modern Science in Terms of Principles* [M]. Netherland：Springer，2006.

[10] DUPRÉ J. *The Disorder of Things* ：*Metaphysical Foundations of the Disunity of Science* [M].Harvard：Harvard University Press，1993.

[11] ELLIS B. *Scientific Essentialism* [M].Cambridge：Cambridge University Press，2001.

[12] BREWERY A. *Metaphysics in Science* [M].Oxford：Blackwell，2006.

[13] ELLIS B. *The Philosophy of Nature*：*A Guide to the New Essentialism* [M].Chesham：Acumen，2002.

[14] ELLIS B. *Truth and Objectivity* [M]. Cambridge，Mass：Basil Blackwell，1991.

[15] CHURCH P，HOOKER C. *Images of Science*：*Essays on Realism and Empiricism*，*with a Reply from Bas C. van Rasmussen* [M].Chicago：University of Chicago Press，1985.

[16] ELLIS B. *Rational belief systems* [M]. Totowa：Rowman and Littlefield，1979.

[17] EULER L. *Letters of Euler to a German Princess* [M].Bristol：England Thoemmes Press，1997.

[18] FODOR J A. *The Modularity of Mind*：*An Essay on Faculty Psychology* [M]. Cambridge：MIT Press，1983.

[19] GOODMAN N. *Fact，Fiction，and Forecast* [M].Cambridge：Harvard University Press，1955.

[20] GOODMAN N. *Ways of World making* [M]. Cambridge：Hackette Publishing Company，1978.

[21] HACKING I. *The Social Construction of What?* [M].Cambridge：

Harvard University Press, 1999.

[22] HACKING I. *The Social Construction of What?* [M]. Cambridge, Massachusetts: Harvard University Press, 1999.

[23] HACKING I. *Historical ontology* [M].Cambridge: Harvard University Press, 2002.

[24] HALL A D. *The Scientific Revolution*: 1500-1800 [M]. London: Longmans Green, 1954.

[25] HEMPEL C. *Aspects of Scientific Explanation and Other Essays* [M]. New York: Free Press, 1965.

[26] HEIL J, MELE A. *Mental Causation* [M]. New York: Oxford University Press, 1993.

[27] HUME D. *An Enquiry concerning Human Understanding* [M].Oxford: Oxford University Press, 1999.

[28] KRIPKE S. *Identity and Necessity*, *Identity and Individuation* [M].New York: New York University Press, 1971.

[29] KRIPKE S. *Naming and Necessity* [M].Oxford: Basil Blackwell, 1980.

[30] LAPORTE J. *Natural Kinds and Conceptual Change* [M].Cambridge: Cambridge University Press, 2004.

[31] LEPTIN J. *Scientific Realism* [M].Oakland: The University of California Press, 1984.

[32] LEWIS D. *Counterfactuals* [M].Cambridge: Harvard University Press, 1973.

[33] LOCKE J. *An Essay Concerning Human Understanding* [M].Oxford: Clarendon Press, 1975.

[34] LOWE E J. *The Possibility of Metaphysics*: *Substance*, *Identity*,

and Time [M]. New York: Oxford University Press, 1998.

[35] LOWE E J. *The Four – Category Ontology: A Metaphysical Foundation for Natural Science* [M]. Oxford: Clarendon Press, 2006.

[36] MACKIE J L. *Problems from Locke* [M]. Oxford: Oxford University press, 1976.

[37] MILL J S. *A System of Logic* [M]. London: Longman, 1884.

[38] MOLNAR G. *Powers: A Study in Metaphysics* [M].Oxford: Oxford University Press, 2003.

[39] SCHWARTZ S. *Naming, Necessity, and Natural Kinds* [M].Ithaca: Cornell University Press, 1977.

[40] PUTNAM H. *Mind, Language and Reality: Philosophical Papers* [M]. Cambridge: Cambridge University Press, 1975.

[41] QUINE W. *Ontological Relativity and Other Essays* [M]. New York: Columbia University Press. 1969.

[42] REYDON T. *From a Zooming–In Model to a Co–creation Model: Towards a more Dynamic Account of Classification and Kinds* [M] //KENDIG C E. Natural Kinds and Classification in Scientific Practice. London: Routledge, 2016.

[43] RIGGS P. *Natural Kinds, Laws of Nature and Scientific Methodology* [M].Dordrecht: Kluwer Academic Publishers, 1996.

[44] VAN FRASSEN B C. *The Scientific Image* [M]. Oxford: Clarendon press, 1980.

[45] WHEWELL W. *The Philosophy of the Inductive Sciences: Founded upon their history* [M].London: West Strand, 1847.

期刊

[1] ARMSTRONG D M. The Causal Theory of Properties: Properties According to Shoemaker, Ellis and Others [J]. *Philosophical Topics*, 1999 (26).

[2] BEEBEE H. Review on Scientific Essentialism by Brian Ellis and The Philosophy of Nature by Brian Ellis Mind [J]. *New Series*, 2004, 113 (450).

[3] BIRD A. Law and Essence [J]. *Ratio*, 2007, 18 (4).

[4] BOYD R. Realism, Anti-Foundationalism and the Enthusiasm for Natural Kinds [J]. *Philosophical Studies*, 1991, 61 (1).

[5] BOYD R. Kinds, Complexity and Multiple Realization [J]. *Philosophical Studies*, 1999, 95 (1).

[6] CHAKRAVARTTY A. Causal Realism: Events and Processes [J]. *Erkenntnis*, 2005, 63 (1).

[7] CHISHOLM R M. Identity through Possible Worlds: Some Questions [J]. *Nous*, 1967, 1 (1).

[8] CHURCHLAND P M. Eliminative Materialism and the Propositional Attitudes [J]. *Journal of Philosophy*, 1981, 78 (2).

[9] SMITH D. Quid Quidditism Est? [J]. *Erkenntnis*, 2016, 81 (2).

[10] DRETSKE F I. Laws of Nature [J]. *Philosophy of Science*, 1977, 44 (2).

[11] DREWERY A. Essentialism and the Necessity of the Laws of Nature [J]. *Synthese*, 2005, 144 (3).

[12] DUPRÉ J. Natural Kinds and Biological Taxa [J]. *Philosophical Review*, 1981, 90 (1).

[13] DUPRÉ J. Promiscuous Realism: A Reply to Wilson [J]. *British Journal for the Philosophy of Science*, 1996, 47 (3).

[14] DUPRÉ J. In Defence of Classification [J]. *Studies in History and Philosophy of Biological and Biomedical Sciences*, 2001, 32 (2).

[15] ELLIS B, LIERSE C. Dispositional Essentialism [J]. *Australasian Journal of Philosophy*, 1994, 72 (1).

[16] ELLIS B. International Realism [J]. *Synthese*, 1988, 76 (3).

[17] ELLIS B. Newton's Concept of Motive Force [J]. *Journal of the History of Ideas*, 1962, 23 (2).

[18] FINE K. Essence and Modality [J]. *Philosophical Perspectives*, 1994, 8.

[19] FODOR J A. Special Sciences or the Disunity of the Sciences as a Working Hypothesis [J]. *Synthese*, 1974 (28).

[20] FROEYMAN A. The Ontology of Causal Process Theories [J]. *Philosophia*, 2012, 40 (3).

[21] HACKING I. A Tradition of Natural Kinds [J]. *Philosophical Studies*, 1991, 61 (1).

[22] HENDRY R. Elements, Compounds and Other Chemical Kinds [J]. *Philosophy of Science*, 2006, 73 (5).

[23] HULL D L. Are Species Really Individuals [J]. *Systematic Zoology*, 1976, 25.

[24] IOANNIDIS S, LIVANIOS V, PSILLOS S. Causal Necessitation and Dispositional Modality [J]. *Philosophia*, 2021, 49 (1).

[25] BIGELOW J, ELLIS B, LIERSE C. The World as One of a kind: Natural Necessity and Laws of Nature [J]. *British Journal for the Philosophy of Science*, 1992, 43 (3).

[26] KELLY A. Ramseyan Humility, Skepticism and Grasp [J]. *Philosophy Studies*, 2013, 164 (3).

[27] KOONS R C. Powers ontology and the quantum revolution [J]. *European Journal for Philosophy of Science*, 2021, 11 (1).

[28] LAPORTE J. Chemical Kind Term Reference and the Discovery of Essence [J]. *Noûs*, 1996, 30 (1).

[29] LAPORTE J. Essential Membership [J]. *Philosophy of Science*, 1997, 64 (1).

[30] LASSITER C, VUKOV J. In search of an ontology for 4E theories: From new mechanism to causal powers realism [J]. *Synthese*, 2021, 199 (3).

[31] LAUDAN L. A Confutation of Convergent Realism [J]. *Philosophy of Science*, 1981, 48 (1).

[32] LADYMAN J. What is Structural Realism? [J]. *Studies in History and Philosophy of Science*, 1998, 29 (3).

[33] LEWIS D. Causation [J]. *Journal of Philosophy*, 1973, 70 (17).

[34] LEWIS D. Finkish Dispositions [J]. *The Philosophical Quarterly*, 1997, 47 (187).

[35] LOCKE D. Quidditism without Quiddities [J]. *Philosophical Studies: An International Journal for Philosophy in the Analytic*, 2012, 160 (3).

[36] LOWE E J. Metaphysics as the Science of Essence [J]. *Post-Print*, 2016

[35] LOWE E J. *Entity, Identity and Unity* [J]. Erkenntnis, 1998, 48 (2).

[37] MAGNUS P D. Scientific Enquiry and Natural Kinds: From Plan-

ets to Mallards [J].London: *Palgrave-Macmillan*, 2012.

[38] MELLOR D H. Natural Kinds [J].*British Journal for the Philosophy of Science*, 1977, 28 (4).

[39] AYERS M R. Locke versus Aristotle on Natural Kinds [J].*The Journal of Philosopy*, 1981, 78 (5).

[40] GHINS M. Laws of Nature: Do We Need a Metaphysical? [J]. *Principia*, 2007, 11 (2).

[41] MILLIKAN R G. Historical Kinds and the Special Sciences [J]. *Philosophical Studies*, 1999, 95 (1).

[42] MOZERSKY M J. Nominalism, contingency, and natural structure [J].*Synthese*, 2021, 198 (6).

[43] MUHAMMAD A K. How Scientific Is Scientific Essentialism? [J]. *Journal for General Philosophy of Science*, 2009 (40).

[44] MUMFORD S. Conditionals, Functional Essences and Martin on Dispositions [J].*The Philosophical Quarterly*, 1996, 46 (182).

[45] NEEDHAM P. What is Water? [J].*Analysis*, 2000, 60 (1).

[46] NEEDHAM P. The Discovery that Water is H_2O [J].*International Studies in the Philosophy of Science*, 2002, 16 (3).

[47] PALES E. Essentialism and the Elementary constituents of Matter [J].*Midwest Studies in Philosophy*, 1986, 11 (1).

[48] PSILLOS S. Scientific Realism and the Pessimistic Induction [J]. *Philosophy of Science*, 1996, 63 (5).

[49] PSILLOS S. Induction and Natural Necessity in the Middle Ages [J].*Philosophical Inquiry*, 2015, 39 (1).

[50] SALMON W C. Causality without Counterfactuals [J].*Philosophy of Science*, 1994, 61 (2).

［51］ SANKEY H. Induction and Natural Kinds ［J］. *Principia*, 1997, 1 (2).

［52］ SCHAFFER J. Quddistic Knowledge ［J］.*Philosophical Studies*, 2005, 123 (1).

［53］ SLATER M. Natural kindness ［J］.*British Journal for the Philosophy of Science*, 2015, 66 (2).

［54］ SAATSI J. Structuralism with and without causation ［J］.*Synthese*, 2017, 194 (7).

［55］ TUGBY M. Categoricalism, Dispositionalism, and the Epistemology of Properties ［J］.*Synthese*, 2014, 191 (6).

［56］ VAN R B. Precis of Laws and Symmetry ［J］.*Philosophy and Phenomenological Research*, 1993, 53 (2).

［57］ VAN ROOIJ R, SCHULZ K. Natural kinds and dispositions: a causal analysis ［J］.*Synthese*, 2021, 198 (Suppl 12).

［58］ WHITTLE A. On an Argument for Humility ［J］. *Philosophical Studies*, 2006, 130 (3).

［59］ WILKERSON T E. Species, Essences and the Names of Natural Kinds ［J］. *The Philosophica Quarterly*, 1993, 44 (170).

附　录

无尽的探索：张华夏系统伦理思想研究

——纪念张华夏先生

本文题目"无尽的探索"取自《无尽的探索：卡尔·波普尔自传》一书，波普尔是哲学界的大师，张华夏是中国著名的哲学家，先生亦是因兴趣从事哲学研究，一生孜孜以求，死而后已。用此题目一为缅怀先生，另为向先生表达敬意。晚年他常和我们说，"他也是'80后'……"，已然80多岁高龄的他，对学问仍不倦地求索，曾说"学术永远没有退休……"先生去世两年有余，每每想起先生对我的教导与鼓励，都感怀于心。追溯先生一生，虽然他自感入哲学之门时年已晚，但是勤奋有加，孜孜以求，在哲学本体论、认识论和价值论三大基本领域都有著作问世，成绩斐然。他的哲学本体论思想，齐磊磊在《实体结构主义的科学哲学——评张华夏教授的〈科学的结构〉》一文中已做了较为详细的论述，本文着重阐述其伦理思想，至于认识论思想将另作他述。

张华夏先生曾提到，阿伯丁大学的访问是他学术思想的一个分界点。当时先生虽年过 50，但仍保持一颗年轻奋进的心，和学生一起学习英语，并获得了去苏格兰阿伯丁大学访学的机会。访学期间他观察细致，发现苏格兰哲学学习有两个特点：一是，它不但有理论课程，还开设了很多的实用课程，比如有一门课程叫"哲学、技术、社会研究"，其中讲到生物开发的界限、医疗资源的分配等问题，老师从哲学及伦理学角度出发分析讨论，给学生提供不同的思考视野；二是，它遵循苏格兰哲学鼻祖休谟所开创的哲学传统，将哲学的两大领域形而上学与道德哲学做出区分研究，并严格地划分了两类命题，即事实命题和规范命题。先生称第二点对他的触动很大，直接影响了他后来在道德哲学方面的研究，"没有阿伯丁大学的学术访问，就不会有我的包括价值论的哲学体系……"① 这也是他后期致力于道德哲学研究的缘起。受阿伯丁大学哲学与应用相结合的影响，也承袭中国哲学学以致用的传统，张华夏先生从事道德哲学的研究不仅有理论的阐述，还有结合实用的分析，这一点明显地体现在这本《现代科学与伦理世界》著作中，而《道德哲学与经济系统分析》最初就是为了经济学专业学生开设的道德哲学课程，后来增益完善而成。

1. 事实与价值

随着自然科学的发展，英国哲学家休谟认识到事实与价值不同，事实是描述客观存在的对象，可以验证真伪，但价值是一种主观的情感判断，只有好坏的不同，因此事实与价值应该区分开来，从"是"不能推出"应该"。张华夏先生指出休谟之所以区分事实与价值的原因就在于，"他将'是'命题看作是关于世界内容的'图像式摹写'而'应'命题或伦理命题看作是不描述世界的主观态度，因而事实与价值是两个

---

① 张志林，张华夏. 系统观念与哲学探索——一种系统主义哲学体系的建构与批评 [M]. 北京：中国社会科学出版社，2020：32.

非此即彼的'自然类'"。① 后来分析哲学家摩尔继承了休谟这一传统，指出不能将道德上的善恶看作是事物的自然性质，"而主张我们应把'善'视为简单的、不可定义的、非自然的性质，我们是通过一种直觉来得到它的"②。逻辑经验主义者卡尔纳普进一步发展了这种事实与价值二分的传统，认为唯有数学和经验科学才有意义，而那些超越经验之外的命题或论断，譬如形而上学、伦理学、美学等都无意义，"因为价值或规范的客观有效性（甚至按照价值哲学家的意见）是不能用经验证实的，也是不能从经验陈述中推出来的；因此它是根本不能（用意义陈述）断言的。"③

近年来，学界开始质疑事实与价值二分的合理性，尤其是普特南在《事实与价值二分法的崩溃》一书中提出的事实与价值缠结观点，张华夏先生亦赞同这种观点，并分析指出"任何事实判断都有价值的预设和价值的负荷，而许多价值判断都有事实内容，这些事实内容和价值评价不能从命题上加以分开而不丢失它的整体意义"④。但是事实与价值的二分也不能走得过远，有些学者完全否定了两者的不同，这并不可取。普特南指出，即使是我们公认的科学事实，其中也蕴涵着诸多的认识价值，比如融惯性、简单性等，它们同伦理价值一样具有客观性。因此价值并不是完全主观的，很多价值判断中都蕴涵着明显的事实内容，这些可从我们使用的伦理术语中反映出来，比如"残忍的""野蛮的"等，张先生称之为"厚伦理概念"，这些概念用来形容一个事件时，比如"南京大屠杀是极为残忍的"，这种表述不只表达着强烈的道德批判，也描述了一个客观事实。还有一些属于"薄伦理概念"，如"好

---

①　张华夏. 道德哲学与经济系统分析 [M]. 北京：人民出版社，2010：214.

②　布宁，余纪元. 西方哲学英汉对照辞典 [M]. 北京：人民出版社，2001：661.

③　洪谦. 逻辑经验主义：上卷 [M]. 北京：商务印书馆，1982：32.

④　张华夏. 道德哲学与经济系统分析 [M]. 北京：人民出版社，2010：220.

的""应当的"等，这些概念相对来说并不带有太多的关于对象的事实描述，它们更多地表达人们对一个事物、一种行为赞成或反对的态度。

逻辑经验论者如艾耶尔、史蒂芬逊等人，根据事实与价值的二分原则，认为厚伦理判断可以分析成薄伦理判断和事实判断的合取，逻辑分析如下[①]：

设有某个厚伦理概念表达 $T(x)$，再设纯事实描述行为或行动者 x 具有某种特征 F，即 $F(x)$，而薄伦理概念的谓词表述为 $V(F(x))$，则有下列逻辑推理表达式：$T(x) = F(x) \& V(F(x))$

普特南并不赞成将蕴涵厚伦理概念的判断逻辑分析成事实判断和薄伦理判断的合取，张华夏先生也认为不能走得太远，于是他通过添加不同初始条件的情境处理方式，保存了从厚伦理判断到薄伦理判断之间推理的连贯性[②]，即：

$T(x) \& C \vdash F(x) \& V(F(x))$，其中 C 为 $T(x)$ 的初始条件。

厚伦理判断与初始条件的合取推出薄伦理判断与事实判断，表明厚伦理判断蕴涵着一些基本的道德原则，而这些一般道德原则与日常行为的道德规范是一致的。这种伦理推断上的连贯性可以作为伦理体系对现实世界伦理推理结论的前提保证，保存规范伦理对现实伦理事件的约束作用。

2. 道德判断与推理

当一种行为或决断影响到他人的福利——增进他人的福利或者伤害他人的福利时，就产生了"应不应该做"的问题，这种行为及决断形成道德命题，对道德行为的评价产生道德判断。对于道德判断，张华夏先生将之分成两种，即特殊道德判断和一般道德判断：比如"张三在

---

① 张华夏. 道德哲学与经济系统分析 [M]. 北京：人民出版社，2010：225.
② 张华夏. 道德哲学与经济系统分析 [M]. 北京：人民出版社，2010：226.

2020—2021 第二学年的数学考试中作弊，是一种应该受到谴责的行为"，这是就具体的行为做出的道德评价，称之为特殊道德判断；"考试作弊是一种不正当的行为"，这是就一般的行为做出的道德评价，称之为一般道德判断。

在道德判断里，往往会预设着一般道德前提或道德原则。上述的道德判断里，预设的道德前提为，"以不正当手段获得或者试图获得试题答案的考生，有违考试公平公正的原则"，也就表明了该道德行为的一般道德原则为"在考试过程中，考生应当遵守公平公正的原则"。因此这一道德推理形式可表示如下：

在考试过程中，考生应当遵守公平公正的原则；

考试时作弊是一种不正当的行为 & 张三在 2020—2021 第二学年的数学考试中作弊；

所以，张三在 2020—2021 第二学年数学考试中的行为，应该受到谴责。

根据休谟发现的一个原理，从"是"不能导出"应该"，比如我们都知道"吸烟有害健康"，可是从事实命题却不能直接地演绎出结论"我们不应该吸烟"，毕竟我们还应该考虑每个人的主观意愿，可能有的人宁愿忽略一些健康问题换取吸烟所带来的愉悦感。因此道德推理形式不像科学推理形式一般带有客观的演绎必然性。张华夏先生指出，"所以道德判断不能单独从事实判断推出，不能单独由事实命题来做辩护或论证。一般说来，道德判断的结论，要由一组属于道德原则的前提再加上一组事实判断的前提二者共同推出"①。道德推理结构表示如下：

---

① 张华夏. 道德哲学与经济系统分析［M］. 北京：人民出版社，2010：9.

道德原则（R）

事实判断（C）

道德行为（A）

可简明表示为：R∧C→A。

比如，我们应该信守承诺；

我约好今日同张三一同出游；

所以，我今日应该同张三一同出游。

在《现代科学与伦理世界》一书中，张华夏先生指出道德推理结构与科学推理结构相似，科学推理形式一般表达为：

公理或假设

一般命题或推论

日常经验或现象

相似地，我们可以把道德推理形式表达如下：

基本道德原则

道德命题或准则∧事实命题

日常行为

两者的推理形式存在相似之处，在科学推理结构中公理和一般命题之间的关联紧密，是逻辑必然的，而道德推理结构中的基本道德原则和一般的道德命题之间的关联并不是如此紧密，但它们的关系也不是任意的，而是人类为了避免痛苦和灭亡的倾向，经过万年的进化积累起来的道德经验，带有很强的规范和约束价值。不过这里并没有否认自由意志，比如前述"我约好今日同张三一同出游"的事例中，由于种种原因一个人未能赴约，也未尝不可，但是他（她）要为不能履行约定的行为承担责任，因为一次又一次的失约必然导致一个人诚信的丧失。

3. 系统规范主义伦理体系

首先，从霍布斯问题出发，即一个自利的人是如何做出各种利他主义的伦理判断和行为形成良好的社会伦理规范的呢？传统的思想家如休谟、边沁等都认为，自利的理性人通过社会契约建立起来，由于资源的有限性，不能满足人们的需求，每个人的同情心有限，为了约束人们的斗争，促进合作，必然需要一定道德的规范，以增进共同的社会福利。"在一个社会系统中，元素是自利的理性人，结构是社会契约所规范的人们的相互关系。由元素与结构组成的社会整体，出现了组成元素所不具有的社会合作和规范伦理体系的新性质，社会整体同时又改变了组成元素所具有的原初性质，使它不仅具有自利的第一性质，而且具有互惠的和利他的第二性质。经济人就这样变成了伦理人。"① 这一系统的内在转化，也可以通过数学模型"囚犯困境"和博弈论来说明。这一系统伦理学所蕴含的数学原理，从先验层面解释了规范伦理学的理性根据。借助于数学推理，张华夏先生指出，"在未来影响较大的情况下，基于回报的合作，即与'一报还一报'的人合作是最优策略"②，无论是两个人合作的情形，还是社会中多人合作的情形，在多次的博弈之后，它是人们为了获得最大效用而做出的最优判断。

功利主义最先由边沁提出，以大多数人的最大幸福为指导原则和道德标准，后来穆勒发展出了"最大效用原则"，并将功利原则定量化。功利原则提出一种行为或行为准则的正当性，要根据这种行为所产生的后果进行计算来判别，在具体的情形中，则存在着准则和行为、动机和效果的矛盾，因此有了行为功利主义和准则功利主义（也称道义主义）的分野。行为功利主义旨在从行为的直接效果或直接价值来计算这些行为给相关人们带来的幸福是否超过痛苦来判定哪些行为是正当的，它更重视行为的结果，而道义主义则用功利原则作为判别社会的道德准则是否正当的标准，也即一种行为是否正当，要看它是否符合为了让人们获得最大幸福的道德准则，它更强调行为的动机。为了调和两种不同原则

---

① 张华夏. 现代科学与伦理世界［M］. 北京：中国社会科学出版社，2020：71.
② 张华夏. 现代科学与伦理世界［M］. 北京：中国社会科学出版社，2020：78.

在如何量度快乐及如何分配幸福等问题上的分歧和矛盾，张华夏先生引入效用函数，来比较不同的行为所增进的全体社会成员的福利总量，因为我们往往不能计算出"社会效用总量"的绝对值，但是我们却可以比较不同的行为在社会效用上产生的相对总量，由此产生了综合两种原则的系统功利主义。

系统功利原则将某一道德行为的总效用 Uc（x），用系统效用函数可以表示为[①]：

$$U_c(x) = f\,(\,U_r(x)\,,\ U_d(x)\,)$$

其中 U_d（x）表示该行为的直接效用，U_r（x）表示该行为因符合某种道德准则而间接获得的效用。

在分离变量和线性简化的情况下也可以表示为：

$$U_c(x) = f(U_r(x)\,,\ U_d(x)) = R\,U_r(x) + D\,U_d\,(x)$$

其中 R 为准则功利系数，D 为行为功利系数，而 $R/D = K$ 为义利系数（注：义利系数决定行为功利效果和准则功利效果的权重）。

这一数学模型可以很好地综合两种功利原则优势，而引入权重比可以在两种不同的功利原则上建立起可通约性。

进一步，张华夏先生不满足于系统功利主义体系，建构了一个更宏阔、超功利的系统规范伦理主义体系，其基本道德原则，除功利原则、正义原则外，还包括仁爱原则和环保原则，由四种基本原则推导出诸多的行为准则，如自由、平等、守信等，这些准则就是规范和指导行为的道德约束。张先生认为应将中国传统的儒家伦理纳入进来，虽然有些思想不适应现代科技引领的工业社会，但还是可以从中吸取很多有价值的伦理规范原理如仁爱观和天人观，系统伦理体系中的仁爱原则就是衍生于此，而生态保护原则是天人观和现代生态伦理的融合。张先生认为，

---

① 张华夏. 现代科学与伦理世界［M］. 北京：中国社会科学出版社，2020：98—103.

这个时代人类的伦理原则已经到了走出人类中心，进入生态中心的时候了，因此对各种动物利益的关怀以及对整个生态系统的爱护都是必要的。"如果将资源和环境保护看作是一种约束和引导人们行为的基本道德规范，则要求人人要保护环境使之不受污染和破坏，就不仅是一种愿望而是一种道德责任，而人人都有适宜生活的环境，便成了一种基本的人权。"①

这样，张华夏先生就构建了一个包含四种基本伦理原则即仁爱原则、生态保护原则、正义原则和功利原则的系统规范主义伦理体系。在四种基本原则发生冲突的情境里，要基于行为者对四种原则赋予不同的主观权重，没有哪一条原则具有绝对优先权，所以他也称这一体系为整体的非本质主义伦理系统，可以表示为②：

$$V=\alpha V(R_1)+\beta V(R_2)+\gamma V(R_3)+\delta V(R_4)$$

其中 V 表示一行为的价值，$V(R_1)$ 表示该行为的功利价值，$V(R_2)$ 表示该行为的正义价值，$V(R_3)$ 表示该行为的生态价值，$V(R_4)$ 表示该行为的仁爱价值；α、β、γ、δ 是各价值变量的系数，代表了各价值原则在总价值体系中的不同权重，$\alpha+\beta+\gamma+\delta=1$。

比如在改革开放之初，我们国家急需发展生产力，因此在政策制定时一切以功利价值为衡量标准，"不管白猫黑猫抓到老鼠就是好猫"，因此 β、γ、δ 的值都是几近于零，而 α 的值近于1，现在随着社会的不断进步，现在我们需要一个公平、正义、自由、平等与友爱的和谐社会，因此其他的价值原则也开始被重视，各种指标权重开始趋于平衡，甚至出现了功利价值指标有所下降的趋势。张华夏先生这一系统论的权重思想与1998年诺贝尔经济学奖获得者阿玛蒂亚·森的观点不谋而合，

---

①　张华夏. 现代科学与伦理世界 [M]. 北京：中国社会科学出版社，2020：296.
②　张华夏. 现代科学与伦理世界 [M]. 北京：中国社会科学出版社，2020：127—133.

在《以自由看待发展》　一书中写道"有很强的方法论的理由来强调，需要对生活质量的各个组成因素明确地赋予评价性权数，然后把这些选定的权数提供给公众进行讨论和批评审视"①。

4. 审视具体伦理问题

张华夏先生的伦理思想，不仅有着对伦理原则的抽绎与建构，也有对现实世界中实际问题的关照。这里仅选取两个备受关注的问题，即核武器问题和生态环境问题，阐释张先生如何借助系统规范主义伦理体系找到解决之道。当然张先生亦有对科学家的社会责任问题、基因工程问题等涉及科学伦理的关注与解答，由于篇幅所限，不再赘述，但其思想主旨是一贯的，科技愈进步，经济愈发展，伦理问题愈应用新的思维方式关注与思考。

20 世纪初由于物理学基础理论相对论和量子力学的发现，科学开始对物质的深层结构进行探索。1932 年英国物理学家 J. 查德威克发现中子。1938 年德国物理学家 O. 哈恩和 F. 斯特拉斯曼用中子轰击铀原子核，发现它分裂成了两个其他元素的原子核，并在裂变的过程中释放出大量的能量。随后物理学家 N. 玻尔和他的合作者 J. 惠勒阐述了核裂变反应过程，他们的研究成果为原子弹的制造奠定了理论基础。1939 年 9 月，第二次世界大战的爆发，加快了这一物理学成就的现实应用。战争期间由美国主导开始研制原子弹，后来为了尽快结束战争、给予敌国以震慑等原因，分别在日本广岛和长崎释放了两颗原子弹。战后人们开始反思并意识到原子弹对于无辜平民造成的现实危害，认识到这种杀伤性武器的威力以及带给人类的生存威胁。很多科学家自发组织起来发表了和平宣言，旨在敦促世界各国政府认识到这种核武器的巨大危害，希望各国政府寻求和平方法解决它们的争端。

---

① 森. 以自由看待发展 [M]. 任赜，于真，译. 北京：中国人民大学出版社，2002：67.

　　张华夏先生指出，科学技术已经发展到一个新的阶段，它不再局限于某一国家，愈来愈要求各国科学家及领导人走出国家中心主义或者民族中心主义，建立起一种世界主义的伦理哲学。张先生倡导在国际关系中不应该只考虑功利性原则，还应该引入新的道德原则比如"仁爱""人道"等，无论国家还是民族，抑或是不同意识形态之间的分歧都不应通过战争的方式来解决。在当今人与人联系愈来愈紧密的"地球村"时代里，我们要建构一种世界主义的道德理想，推行国际人权法则，推进国际合作共赢，充分认识到人类命运的一体相关性。这和我们国家当前提出的"人类命运共同体"的理念不谋而合，随着国家参与世界事务，我们愈来愈深切意识到，人类只有一个地球，各国共处一个世界，每一个国家在谋求本国利益时都应兼顾他国利益，追求人类共同利益的大发展。

　　生态环境问题是 20 世纪 60 年代开始进入人们的关注视野的。1972年联合国通过了《人类环境宣言》旨在保障人们在能够过上尊严和福利的生活环境中，享有自由、平等和充足生活条件的基本权利，并且负有保护和改善这一代和将来世世代代的环境的庄严责任。因此环境伦理原则要求一种可持续发展的理念，即"一个社会或一个家庭必须有对后代人物质生活、文化教育的投资包括提供后代人适宜的环境以保证各代人福利总量的增长"①。可持续性发展指标可用代际伦理来约束，衡量方式为储存原则。对后代人投资的原则，具体的计量指标是储存率，不过对于储存率的考虑却有诸多分歧。在对后代人权益的考量上，功利原则有过分倾斜的倾向，存在一个高储存率，而道义原则过于客观，储存率相对较低。为了平衡功利主义的高储存率和道义主义的低储存率之间的差异，张华夏先生基于系统规范主义伦理要求给出了一个更为综合

---

　　① 张华夏. 现代科学与伦理世界［M］. 北京：中国社会科学出版社，2020：299.

的衡量公式①：

不同的代际储存率，$R_1 \vdash r_1$，$R_2 \vdash r_2$，$R_3 \vdash r_3$，$R_4 \vdash r_4$，根据前面的综合伦理价值公式，我们可以得出储存率公式：$r = \alpha r_1 + \beta r_2 + \gamma r_3 + \delta r_4$，其中 $\alpha + \beta + \gamma + \delta = 1$。

随着社会的进步，人类意识层次的提升，张华夏先生指出，人们应该走出人类中心主义，进入生态中心，不仅应对普通生物，还应对更广泛的环境及生态给予爱护。根据生物学研究，一个小的生态系统被破坏，往往需要几年的时间，而一个大的森林生态系统的恢复则需要几十年的时间，这还不包括很多珍稀动植物的灭绝。在人类只有一个地球的道德前提下，再加以上的生物学认识，自然会得出人类应该保护自然生态系统的行为规范。当然从结果反推前提的论述很多，比如很多环境专家以及生物专家论述了如果我们所生活的外在环境遭到过多破坏则会带来诸多恶果，为了防止坏结果的出现，人们应当承担起保护环境的责任。当前党中央提出"绿水青山就是金山银山"等环境保护新观念，旨在加强人们心中的环境保护意识。

5. 伦理价值与科学价值的统一

张华夏先生提出了一个整合多元主义的系统的世界图景，将实体、过程、关系都统和在一个具有不同层次结构的实在论体系，进一步衍生到伦理学方面，可见他的伦理学思想是与他的系统主义的本体论与认识论相统一的。他在系统实在论的基础上，构建了一个以先验四种伦理规范为基础，通过赋予不同的伦理项以不同权重的方式，形成了一个系统伦理规范主义体系，并协调了功利主义与道义主义的冲突。刘则渊指出："（张华夏）② 类比于爱因斯坦的推理结构，构建了一个基于'直

---

① 张华夏. 现代科学与伦理世界［M］. 北京：中国社会科学出版社，2020：301.

② 著者加注。

觉—道德公理—道德准则'的公理化伦理价值体系，并以系统论的观点，阐明了功利主义的伦理观和正义主义的伦理观相统一的系统主义的规范伦理，实际上构建了以科学为基础的伦理（The Science-based Ethics）的理论框架。"①

其实张华夏先生的伦理思想生前就备受关注与争议，为此中山大学还曾专门举办过一次全国性的学术研讨会。对于他的伦理思想的讨论主要集中在以下几个方面：

首先是关于系统伦理体系的评论。齐磊磊认为张华夏先生的系统主义伦理体系，是一种非本质的、超功利的伦理系统。"（张华夏）② 建立了他的整合多元主义在解决现实问题上的情景推理模型：（1）由于伦理公理之间可能存在着价值冲突和规范冲突，因此伦理公理体系必须附加上协调公理，说明当这种冲突发生如何解决，才能保持公理的相容性。（2）由于情景或境遇在伦理推理中起着相当关键的作用，因此必须构造出情景推理的各种逻辑模型。"③

其次是关于体系基本规范原则的评论。"在现代民主社会，道德问题总是以道德冲突的形式出现的。解决道德冲突的唯一途径就是公众之间以赢得道德共识为目标的理性的对话与交谈。"④ 甘绍平指出，张华夏先生借鉴传统哲学理念，以先验的方式确立下来的四种基本规范是不是可以在不同的社会文化中达成一种共识尚未可知。在民主时代里，应以集体伦理的权衡模式代替这种规范伦理模式，因为在规范伦理的应用

---

① 刘则渊. 科学王国和道德王国的统一——面向现代科学技术的伦理学探索之路 [J]. 科学文化评论，2004（6）：45.

② 著者加注。

③ 齐磊磊. 科学技术与社会价值伦理的交叉视野——简评张华夏教授的《现代科学与伦理世界》[J]. 自然辩证法法研究，2010（7）：118—119.

④ 张华夏. 系统观念与哲学探索——一种系统主义体系的建构与批评 [M]. 北京：中国社会科学出版社，2020：335.

模式下，要决断的道德事例无法超越道德体系的适用范围，而当代的社会实践中的伦理学问题已经远远地超出了传统伦理学的视野。因应时代的不同，伦理问题的解决确实需要调整，但是任何的改进都不可能完全脱离传统的伦理规范，建立一个没有伦理基础的空中楼阁，张华夏先生实际是努力在传统伦理思想与受西方影响的现代伦理思想之间建构一种可以沟通协商的规范伦理系统。

再次是关于伦理体系存在的应用性问题评论。一个理论体系形成后，重要的是通过实际的应用检验它的有效性。陈晓平认为张华夏先生所持的系统规范主义可以还原为系统功利主义，并举出反例表明这一体系的推进意义不是很大，比如关于胚胎的人权问题，他从经验层面指出，当胚胎与人的利益产生冲突时，大部分人还是会从功利主义角度出发做出行为的选择。① 张华夏先生的系统规范主义是从先验层面出发，从人是目的这一角度做出的伦理要求，当然可能很多的地区由于种种原因还不具备执行这一严格伦理要求的条件，但是这一伦理规范并不因为人们从经验层面还未曾做出，或者现在还未曾实施相关的要求就降低了这一伦理体系的意义，它实际指示了社会伦理未来发展的趋向。

综上，系统规范主义伦理体系体现了一种非本质主义特征，根据情境的不同，关于同一个问题所做的伦理评价会不同，赋予的主观权重也存在着差异，这样每一个人做出的伦理选择也会不同，在一定程度上会弱化这一伦理系统的指导和规范意义。但是张华夏先生努力在功利主义系统之外，建构一种在最大限度内允许自由选择的规范伦理体系，在一定程度上是适用于中国当前社会的发展情境的。我们国家有着悠久的伦理文化教化的传统，"仁义礼智信"的伦理智慧植根在每一个国人的心中，面对市场经济的冲击以及民主社会发展的要求，我们有必要提出一

---

① 陈晓平. 伦理与科学——兼评张华夏的《现代科学与伦理世界》［J］. 自然辩证法通讯，1999（5）：71—78.

种既能冲破过去伦理传统，又能应对当前社会发展对人们提出的新的伦理要求的体系，正是在这一时代背景下，张华夏先生提出了多元的、非基础主义的、强调动态情境作用的系统规范主义伦理体系，它兼顾情境的不同而采取权重思想，可以很大程度上协调不同伦理价值的冲突，引导规范伦理价值的核心理念。另外，张华夏先生的伦理体系建立在系统认识论基础上，蕴涵了伦理价值与科学价值的统一，"它在源于科学技术、又面向科学技术的伦理价值体系上，探索实现科学王国和道德王国的理论统一方面做了可贵的尝试"①。

---

① 刘则渊. 科学王国和道德王国的统一———面向现代科学技术的伦理学探索之路程
[J]. 科学文化评论，2004（6）：33—46.

后　记

　　书中一部分内容以论文形式曾发表过，如《自然类》《自然律》《因果力》《论新本质主义概念中的自然类和自然律概念》《世界是一个自然类的系统》，本书在此研究的基础上进一步做了系统的深化研究。本书的研究思路仍然是以新本质主义学派的思想为主线，不过对于新本质主义学派中的一些主题如自然律等，做了很多的拓展研究，不只局限于这一学派的学者的研究。由于时间仓促，书中也还有很多不完善的地方，希望在今后的研究中可以继续下去，并开拓出新的研究领域。

　　自己当初被"哲学是使人智慧的学问"一语"误终身"，回想这期间虽有些波折，但更多的是幸运，庆幸这一生能和哲学"相知相惜"，并且后半生有哲学"相伴"。这些年哲学带给我很多改变，这些改变有内心领悟力的提升，也包括很多外在的变化。

　　正是哲学带给我诸多心灵上的成长，并让我领悟到："真正的对哲学的爱在于去爱而不是被爱"，这种"爱"的行动力要由我发出，要日日地练习，不竭地给予。如果不是哲学，可能我还在某一处职场，混混沌沌地过着这一生，正是因为哲学，点燃了我生命的激情，使我领会到人生还有别样的境界。也正是哲学让我走上了教育的行业，并开始了著书育人之职，这一职业最大的挑战是从己身出发，不断地确证每日学习的必要性，只有这样才能葆有强大的精神走进课堂，面对一个个鲜活的生命。

　　一路走来，我遇到过很多对我影响很大的老师和同学。他们或精神上启发我，或生活上帮助我，让我顺利地走到了现在。最要感谢钱捷老师，是他在我初入哲学之门时，指引我走向了科学哲学的研究，并逐渐扎根于此领域。令我常怀感念的还有一位已经仙逝的张华夏老师，是他教会我怎样写出一篇好的论文，也正是和他合作发表的两篇文章极大地增强了我的自信心，鼓舞着我继续在哲学研究的道路上走下去。我认识他时，他已届八十高龄，但他对哲学的热爱是真挚的，并保持终生，在他生命的最后几年，仍有著作出版。为了纪念他，在本书中附录了一篇对他的哲学思想的回顾与省思。我始终相信对一个人最动人的纪念，是对他思想的领会与继承。正是哲学让我与许多人相遇相知，我将继续追随着真挚的哲学精神开创生命的新境界。

　　本书的出版也要感谢我的家人和同事，他们在工作上始终诚挚地支持着我。我的爱人单智伟博士包揽了所有的家务和照顾女儿的事宜，给了我充裕的时间进行写作，他始终任劳任怨地站在我身后，在我需要他时，无私地付出他的心力。也要感谢同事彭冰冰教授和张笑笑博士的帮助，让我有了出版此书的机会。还有很多的老师和朋友在这一路上都曾给予了我很多的帮助，在此一并感谢他们。

　　生命始终以昂扬的姿态一路前行，虽然不乏时有荆棘缠身，但是当我们以奋斗与努力来回应它时，最后会发现我们收获的不只是硕果满怀，还有丰沛的精神之泉流过我们的内心，让我们感怀此生，感谢相遇。

2023 年 8 月 20 日
于嘉兴罗马都市